椅子的构造
CHAIRS' TECTONICS

（丹麦）尼古拉·德·吉尔

斯泰恩·丽芙·比尔 著

朱 婕 译

中国建筑工业出版社

著作权合同登记图字：01-2020-2926

图书在版编目（CIP）数据

椅子的构造 /（丹）尼古拉·德·吉尔，（丹）斯泰恩·丽芙·比尔著；
朱婕译 .—北京：中国建筑工业出版社，2019.12
书名原文：Chairs' Tectonics
ISBN 978-7-112-24510-9

Ⅰ.①椅⋯　Ⅱ.①尼⋯ ②斯⋯ ③朱⋯　Ⅲ.①椅 – 设计　Ⅳ.① TS665.4

中国版本图书馆 CIP 数据核字（2019）第 283569 号

责任编辑：费海玲　焦　阳
责任校对：王　瑞

椅子的构造

（丹麦）尼古拉·德·吉尔
斯泰恩·丽芙·比尔　著
朱　婕　译

*

中国建筑工业出版社出版、发行（北京海淀三里河路9号）
各地新华书店、建筑书店经销
北京雅盈中佳图文设计公司制版
天津图文方嘉印刷有限公司印刷

*

开本：880×1230毫米　1/16　印张：6¼　插页：3　字数：158千字
2019 年 12 月第一版　2019 年 12 月第一次印刷
定价：68.00元
ISBN 978-7-112-24510-9
　　　（35136）

译者序

丹麦现代家具设计在整个 20 世纪的现代主义设计中独树一帜，在 1950—1970 年间，涌现了一批世界知名的建筑师和家具设计师，设计史上称这一时期为"黄金年代"。我在 2016—2017 年，有幸以访问博士的身份在丹麦皇家艺术学院访问学习一年，通过与本书作者尼古拉·德·吉尔教授的交流，还有对丹麦设计历史的了解、丹麦奉行的家具设计教育理念的学习，最终完成了本书的翻译，并从更深一层的角度了解了丹麦现代家具设计教育中所奉行的价值观和设计理念。

丹麦皇家艺术学院的家具设计系，由丹麦建筑师凯尔·克林特于 1924 年创立，该系培养了诸多享誉世界的家具设计师和建筑师，其中包括汉斯·瓦格纳、保罗·克霍姆、布吉·莫根森、阿尼·雅各布森等，这些建筑师与丹麦的家具手工艺匠人密切合作，将丹麦家具设计和制造水平提升到了前所未有的高度，确立了北欧家具设计在现代主义设计中的位置。克林特倡导继承传统家具设计文化精髓并对经典的家具文化进行新的诠释。他坚信几千年人类文明中所包含的家具文化有着现代设计需要学习的精华，因此他不主张完全摒弃传统创造全新的形式。克林特的家具设计教学中融合了材料、技术、人体测量学，并通过更为深刻地学习经典家具文化，从而实现全新的家具设计诠释。

可以说，克林特教授带领丹麦家具设计形成了一套系统的设计方法论，这套方法论贯穿了丹麦家具设计教育的始终。本书则是继承该传统，以理论形式总结概括丹麦设计教育是如何对历史和前人所积累下来的经验和知识进行系统学习，并完成自我转化和创新的类型学方法。

人类文明的历史进程是一层层叠加和螺旋上升的过程，从类型学的角度来说，所有的家具设计作品都可以从历史和已有的设计作品中找到原型和来源，理性地将已有的家具形式从类型学的角度进行认知，能够帮助我们更聚焦在认识各类型的家具造型、连接件材质，以及连接方式上，并且在设计这一类型的家具时逻辑而系统地学习前人的经验和知识，贯通理解构造所包含的材料、形式和技术三个方面。从"构造"的角度重新理解家具设计的内涵，能够引领我们从美学的角度重新理解材料、形式和技术的系统关系。一名合格的家具设计师，应该具备包含了这三方面的系统知识观念和职业素养。这些根植在丹麦设计教育中不可撼动的知识系统观，也正是我们需要学习和倡导的。

本书以最典型的家具类型椅子为例，从构造的基本释意开始阐述，通过展现时间轴，对比丹麦家具设计与世界家具设计之间的联系和差异；并从构造所包含的三个方面出发，对椅子的造型、连接件材质、连接方式进行类型学的归类、分析和概括，带领读者从构造和美学的角度重新审视和认知设计史上的经典作品，从而获得更为深刻和系统的设计观。

本书的论述为设计者构建了一个认识设计、学习设计和设计创新的系统观，相信本书所倡导的理论和知识，能够为中国的家具设计教育带来值得学习的重要参考系，引领我们回顾过去，同时指向未来。

朱婕

写于北京

2019 年 9 月 16 日

前　言

丹麦家具设计的文化是一种很大程度上难以言传的智识。很多丹麦建筑师在家具设计和制造中的特殊专长已经融入了丹麦家具设计的艺术中，但却没有被系统地归类或者记录下来。这些专业知识是通过家具领域特有的手工艺化的师徒教育传承下来的。

本书的内容从一个研究项目展开，目的在于将一些承载着现代家具设计理念和精髓的设计作品生动地展现出来，让这些作品易于理解，让经典重现。期望通过讲解书中的专业知识来促进提升当下和未来的家具设计水平。

本书将向读者介绍为 20 世纪家具设计作出杰出贡献的家具设计师，他们是如何对家具设计的艺术性和复杂性等问题进行思考、解决和传承的。书中的资料对于家具设计教育和家具设计研究来说都具有非常重要的价值。首先可以将家具设计更加框架化，其次可以使家具设计领域的研究更加深入。

本书所说的研究从结构工艺的角度入手，包含家具艺术中，从结构衍生而来的比例和空间关系，用一种新的角度和方法来讨论及探究有关家具的结构、工艺、材质和美感。对于家具设计师来说，面对并进一步解决这些问题至关重要。很大程度上来说，系统地解决并且平衡这些设计过程中的复杂问题是创作高水准家具作品的重要前提。同时也希望本书能吸引许多非专业，但却对家具设计艺术有着浓厚兴趣的读者。

现有的许多书籍已经从经济、政治、艺术史等角度探讨了丹麦家具设计和国际家具设计。目前最为匮乏的是有关家具的结构类型以及细节的挖掘，也就是家具的内部连接和构造。我们正是希望通过本书的撰写对家具的内部连接和构造做一次细致的观察和展现。本书的重点是展示椅子的构造，对椅子构造的研究也需要同时考虑与其相关的其他方面的内容。在家具设计几千年的历史中，有许多"本质"的问题与设计息息相关，这些与设计相关的问题一直以来都需要设计师重视，这些"本质"的问题包括连接方式、比例、力学和结构等。

从家具发展史来看家具的比例和尺度，人体与椅子的关系在几千年里并没有发生显著的变化，因为人类仍然是有着两只胳膊和两条腿的生物。

从统计学角度来看，人类的平均身高可能要比几个世纪前高了几厘米，但从生理上来说，我们并没有发生真正意义上的改变。然而从另一个方面，座椅与空间的关系上，座椅所支撑的人类活动一直缓慢地发生着变化。这些变化自然地反映在椅子的形态上，但这些并没有影响到前文中所说的"本质"问题，也就是说，设计师无论何时都需要解决连接方式、比例、力学和结构这些"本质"问题。

家具一词在丹麦语里是 møbel，这个词来源于拉丁文 mobilis，意为移动；与 immobilis——长期固定的，不动的一词意思相反，同时在词源的进化过程中，

immobilis 在丹麦语中的意思延伸为房产和不动产。家具一词中所包含的可移动定义对于家具结构的可能性有着潜在的约束，尤其当我们探讨椅子结构时就更清楚地认识到家具一词中的可移动性定义与一些不可移动的大型家具和固定家具的概念是有所区别的。抛开可移动性不谈，家具这样一种物品，理应构建一个静态的结构体系，这种静态的结构体系能够经受住使用过程中所有可以想象和不可想象的各种推拉家具的使用情景。为使家具结构的强度经受住各种外在压力，需要考虑材料的强度、尺度和质量，不仅要保证一种结构的耐久性，同时还需要考虑如何将不同的元素结合形成一个整体，并且让这个结构体系具有一种家具的欣赏性和可读性。

本书选择将家具这样一个很宽的领域缩小范围来论述，将讨论的核心集中在椅子这样一类家具上，因为在研究椅子的结构和设计的过程中，能够找到家具连接方式的"本质"问题的清晰解答。我们选择椅子作为本书核心内容的另外一个重要原因是，椅子结构的各项尺寸均来源于人的身体尺寸，椅子的结构和比例与人体比例有着密切关系，这种密切关系使得我们将椅子各部分的名称与人体部位对应命名（例如椅腿、座面和椅背），

可见椅子是所有家具中每天都使用的并且与人体关系最为密切的一种家具类型。

本书基于椅子的外观从三个角度对椅子进行类型学分类，分别是：

1. 造型类型，这个分类方式具有一定的包容性和弹性，能够将大部分的座椅涵盖并分成 4 个主要类型：棍结构椅、壳形椅、扶手椅和一体型椅。

2. 连接件材质类型，分析 3 类最为典型的家具材料，分析其特性以及与结构造型的关系。

3. 连接方式类型，将椅子的主要连接方式分为距离连接、接触连接、榫卯连接、形态连接 4 种类型。

任何研究都需要面临的一个问题是，能否得出有价值的结果。本书现阶段的研究成果虽不能对所研究的主题做到全面详尽的解答，但仍希望可以作为科学系统地研究家具构造的开始。

"如何连接垂直和水平部件是家具设计首要解决的永恒问题。椅子腿和座面的连接方式将决定这把椅子所谓的'风格'：那么椅子腿，就可以被看作是缩小版的建筑立柱。"[1]

——阿尔瓦·阿尔托，1965 年

目　录
CONTENTS

一、构造

1. 构造学的起源

在美国哥伦比亚大学肯尼斯·弗兰普顿（Kenneth Frampton）教授的《构造学研究》一书中，"构造"一词的词源可追溯到古希腊词 Tekton，意为"技工（织物生产者）"；同时更多的情况下特指木质手工艺人，即木工、木匠，家具匠或建筑工人。这个词出现在希腊文学的荷马史诗里一般是指建筑艺术。弗兰普顿同时也解释了这个词后来如何渐渐有了更为诗意的内涵，是指艺术家为不同材料塑型（这也是设计的含义）。

在这个词确立几个世纪后，其释义不再指某一类具体的手工艺人，而更广泛地代指一种创造性的行为。古希腊词源的 Tekton 一直被理解为是资深的工匠和建筑师。

弗兰普顿同时引用了阿道夫·海因里希·博尔拜恩（Adolf Heinrich Borbein）的一段话：

> "构造是一种连接的艺术，这种艺术包含了技术的含义，因此构造不仅是指建筑部件的组合，同时也指其他物体的组合……一旦从美学的角度，而不仅是从实用的角度来看待构造的过程和结果，构造一词就转变为了一种美学的标准。"[2]

根据丹麦外语词典，Tekton 指的是木工、木匠或家具匠，也可以翻译为艺术品内部结构的科学——有关如何精巧地将形式和元素组合成一个整体的科学。从这个角度来看，椅子是由各个独立的部分连接在一起的结构整体，各个部件都必须经历从美学到适配再到完善的过程。构造也可以非常具体地指结构的某一种节点形式。换句话说，构造就是具有美感的结构（图 1-1）。

图 1-1 酉长椅①；芬·尤尔（Finn Juhl），1949 年

本书在阐述椅子的构造类型和解决椅子的构造问题两部分内容上作出了区分。阐述椅子的构造类型仅作为对现有有关椅子构造的资料补充，解决椅子的构造问题则是将构造作为一个适配和完善的美学过程。

构造一词作为一个结构术语，很多情况下是指与建筑结构相关的问题，该术语同时也可以有许多不同的释意，这取决于不同的语境。然而不管该术语如何使用，它所围绕的本质是一种能够促进结构学发展的新的材料和新的构造模式[3]。

在本书的研究中，我们经常会使用到节点、装配和连接的概念。因此，我们首先要将这个术语作一个定义的区分。

节点被理解为具有更加具体和实质的含义，例如两块木头之间的连接就称之为节点。

装配是中性词且含义广，英语里这个词会用来形容群众的集合或者艺术品的搜集。从这个词语不同的用法上来看，这个词本身的含义是以一定距离、密度集中在一起。

连接这个词更为生动，它关注的是两种材料或两种物质相互接触的事件本身。这个词的原意有"放置在一起"或者"组合"的意思，意指物体相互接触时运用了某种技术，凭借这种技术，对象才被连接起来。可以说物体的各部分是由于某种目的结合在一起的（图 1-2）。

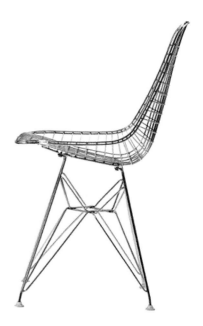

图 1-2　钢丝椅（Wire Chair）；伊姆斯夫妇（Ray & Charles Eames），1950 年

建筑是有关建造的艺术，建筑结构分为梁柱结构和墙板结构。在建筑学里，构造和节点被认为是用来系统处理连接问题的。这种连接根据不同材料的特性可以通过不同方式来实现，因此建筑的梁柱结构可以应用不同的材料进行设计和施工，结构中所包含的节点也可以有不同的连接方式。家具结构与建筑结构一样，也可以根据结构类型和部件进行分类。

本书所探讨的椅子部件的连接组合方式就是上文所说的构造，随着对于构造一词的理解，有一点也变得清晰和明确：完整的构造学说包含了材料、形式和技术三个核心内容，这三个部分也是形成完整建筑学知识体系的先决条件（图 1-3）。

对于丹麦的建筑设计师和家具设计师而言，材料和材料的肌理效果是与设计有关的本质核心主题。当我们回顾 19 世纪有关家具设计的文章，古斯塔夫·弗

图 1-3　构造所包含的三个核心内容

雷德里克·黑奇（G.F.Hetsch）曾经特别强调和宣扬材料本身的美感不应被过度地涂饰和镀金覆盖[4]。

卡尔·彼得森（Carl Petersen）在 1919 年提出的"肌理""对比"和"色彩"有着非同寻常的意义，彼得森在讲座中提到材质的双表面与材质表面处理相关，例如木材表面有了漆覆盖时就出现了木材的双表面，即木材本身的表面和漆的表面。

许多丹麦家具设计师从双表面的概念中深受启发，从而在家具设计中坚持以尊重材料本身的肌理和美感的原则进行设计。莫根斯·拉森（Mogens Lassen）认为材料的触觉体验是非常重要的感官体验。在保罗·克霍姆（Poul Kjærholm）的作品中，追求的设计理想之一就是纯粹的材料质感，克霍姆带着最深的敬意对材料进行设计和处理，展现材料最真实的美感（图 1-4）。

本书提供了造型类型分类参考，希望能帮助大家从中获取灵感。因为没有一件设计作品是独立存在的，每件设计作品都是以其他作品为基础，同时从许多不同的来源寻求灵感。例如密斯·凡·德·罗 1929 年所设计的巴塞罗那椅（图 1-5）就是受到萨拉·柯蒂斯椅[1]（Sella Curulis，古罗马贵宾椅，拥有统治权的高级长官和代理长官才有资格使用）的启发（图 1-6），而克霍姆 1955 年设计的 PK22 号椅（图 1-7）则是同时受到了巴塞罗那椅和古罗马萨拉·柯蒂斯椅的启发。

加工技术的发展提升了材质的表现力，同时赋予连接件以形式感（图 1-8）。这一方面得益于技术本身的发展，同时也得益于连接件的不断适应和调整。

新的技术被发明，现有材料的加工方式也就有了新的可能。托耐特兄弟（Thonet Brothers）发明了实木蒸汽热弯技术之后，家具设计也就有了新的形式，突然间就可以用简单的方式将垂直面和水平面连接起来，而不需要任何的组装和连接。

这些技术不仅对家具设计新形式的产生提供了可能，并且影响到了整个家具设计和制作的过程，从而使世界上第一件工业产品意义上的家具得以批量生产。

1　为保持"椅子的构造"这一概念的完整性，本书中的椅、凳等坐具，统称为椅。

图 1-4 PK41 号椅；保罗·克霍姆,1961 年

图 1-5 巴塞罗那椅①；密斯·凡·德·罗，1929 年

图 1-6 罗马时期执政官的座椅：萨拉·柯蒂斯椅

2. 构造所形成的家具内涵

一款特定构造的家具，其内涵的形成取决于创造者和欣赏者的理解和感知。家具的构造如何被感知和理解，设计师为这件家具的构造赋予了怎样的内涵，深度欣赏者如何根据自身的经历去理解这一内涵，这些都取决于家具创作所处的文化、政治、社会和经济环境。

有些家具承载了更为深刻的意义，这种内涵的建立至关重要。回顾设计史中有着深刻影响的家具作品，它们有着强烈的艺术主张，这种主张是超越时代的。

通过各种形式连接各部分而产生的家具构造形式即是前文所说的内涵的源头。换句话说，细致分析一件家具如何遵循造型和连接法则、选择家具材料，以及如何最终完成等一系列问题，经历了这个过程才能够理解这件家具的构造理念。

构造将艺术性和物质性，形式和技术统一了起来。

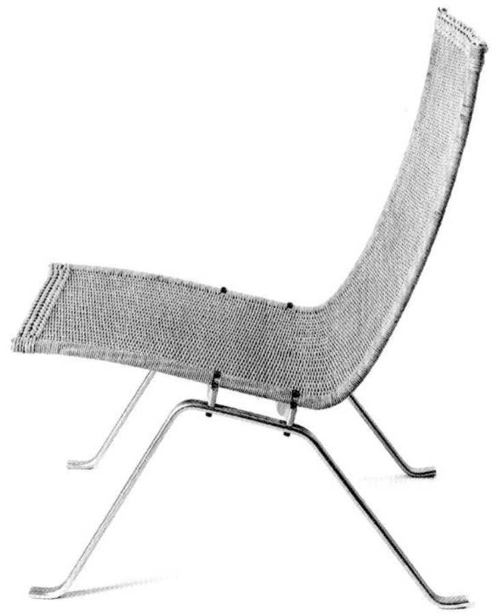

"建筑始于两块砖的仔细搭接。"[5]

——密斯·凡·德·罗

图 1-7　PK22 号椅①；保罗·克霍姆，1955 年

图 1-8　帕 米 奥 椅
（Paimio Lounge Chair）；
阿尔瓦·阿尔托，1930 年

二、研究方法

　　本书研究了在 1920—2008 年间设计的大量椅子，并对其形式外观的共同特点进行了对比。最终建立起三种类型分类：造型类型、连接件材质类型和连接方式类型。这是对多样化材料和形式的椅子进行分类的可行性方法。

　　本书的研究方法是，初步筛选出大量各式各样的椅子，这些椅子可以看作是一些"主要"的椅子，也就是前文所说的大约在 1920—2008 年之间在丹麦和其他国家所设计的经典座椅。

　　这些"主要"的椅子在本书的最后一部分，按照"丹麦椅"和"国际椅"两个类型进行了编制，它们都是丹麦或者国际家具设计中的重要作品。这些椅子的设计师在其所处的时代对椅子的艺术性论述作出了重要的贡献，并且这些贡献超越了时代。有许多作品虽然在其被创造的时代具有很大价值，但经过时间的洗礼，逐渐失去了价值。在当下去预测哪些作品会拥有持久的价值很困难，但是在一个时代结束之后再作判断就容易很多。

图 2-1　巴塞罗那椅②

　　本书所选的作品，有些带领我们回到过去，有些指引我们面向未来，从这个意义上来说，不管这些作品是什么时间设计的，作品的主题永远有价值，并且能将某种设计的精髓传给后世。例如巴塞罗那椅（图 2-1）可以看作是对古典形式的一种新的诠释，古罗马的萨拉·柯蒂斯椅则是超越时代的，是为其他设计提供灵感的椅子。同样，一些丹麦的扶手椅也可以追溯到 19 世纪的古典家具以及希腊的克里斯莫斯椅（Klismos Chair）（图 2-2）。

　　丹麦皇家艺术学院收藏了大量的座椅设计作品，这些收藏主要是 1920—1980 年间设计的，这些藏品对本书的"主要"椅子的选择有很重要的影响。具体来说，本书中的椅子是这些藏品中具有代表性的作品。但本书所选的作品不能完全看作代表了一个时期，因为这些选择在某种程度上也基于个人的偏好。

　　我们对所选出的家具照片进行对比，将那些在造型方面存在相似性的家具

图 2-2　希腊克里斯莫斯椅

归为一组，根据椅子是否具有相似的主要造型进行分类。然而，当我们特别关注于椅子各个部分的连接方式时，或者说当我们从构造的角度来观察时，发现有必要建立一个新的分类方式，于是我们建立了"造型类型"和"连接件材质类型"，并以此为基础衍生了"连接方式类型"的分组。

为了解丹麦和国际家具设计作品是如何发展的，本书建立了一个时间轴，入选本书的"主要"座椅对应这个时间轴展开。这个时间轴阐明了不同类型椅子的发展，并形象地分段展示了创作灵感的发展轨迹。

完成"主要"椅子的选择和时间轴的绘制之后，本书对所选作品进行了一系列的分类，分类的过程就是依照本书所建立的分类方式进行筛选，通过这种分类方式，对造型类型和连接件材质类型作了进一步的分类（图 2-3~图 2-5），造型类型中包含了棍结构椅、扶手椅、壳形椅、一体型椅；连接件材质类型中包含了木质、金属、塑料和复合材料。

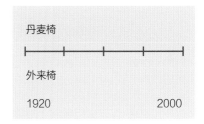

图 2-3 时间轴

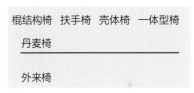

图 2-4 造型类型

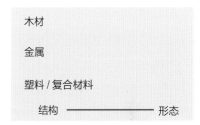

图 2-5 连接件材质类型

三、时间轴

时间轴展现了 20 世纪家具设计演变的过程，大体上说，有两个明显的时间段：

其一，1920 年代现代主义在欧洲大陆出现，新的设计理论、形式和材料被初步试验，并取得了闪耀的先进成果。其二，时间轴继续往下，到了 1950 年代，家具生产设备在第二次世界大战期间得到改进，新的战后乐观主义在艺术上不断进取，这些对重新诠释 1920 年代的第一代现代主义家具提供了新的可能。除此之外，新的塑料材料的出现也为设计师提供了比以往更加自由的创作空间。

在时间轴上将丹麦椅和国际椅明确区分开，是为了将丹麦座椅设计的发展与同时期国外座椅的设计发展进行对比。这种区分清晰地表明，大多数划时代的经典丹麦家具设计作品都是专注于木质材料的原创设计，而在 1920 年的包豪斯学校，设计师们都忙于研究钢材材料的设计应用。在丹麦家具设计中钢材从未占据一席之地，只有克霍姆经过不懈努力，成功在这种材料上展现了自己独特的风格。

从时间轴上可以看出 1920 年代的丹麦家具设计如何被同化、重新诠释并与其他灵感来源如古埃及、古希腊和中国的家具类型混合；同时其也与当代艺术，尤其是与当代雕塑艺术进行了融合，这些影响是如何凝聚形成新的形式和材料的表达方式也都在时间轴上展现了出来。

"如果我能比别人看得更远，那是因为我站在巨人的肩上。"[6]

——牛顿

时间轴

丹麦椅

1920

1950

1980

外来椅

四、椅子的造型类型

将所选择的椅子进行分类，很自然地可以分为棍结构椅、壳形椅、扶手椅和一体型椅。把所有的椅子分为 4 个类型是有一定难度的，因为有的椅子很难说只属于其中一类，更确切地说，它可以属于多种类型；例如，一个扶手椅也可以说是棍结构椅。判别一把椅子的类型，主要是根据其外观更接近哪一种造型类型。

本章将椅子的造型作为分类的基础。首先是因为这种分类方式更有弹性和广度，同时避免了仅依据结构来进行分类的过于狭隘的判断。例如，壳形椅不仅指完全由壳体结构支撑，伊姆斯夫妇设计的表面覆盖了织物或者皮革的办公椅（图 4-1），克霍姆的许多椅子，包括 PK22 号椅（图 4-2）在内，这些椅子总体的外观是壳形样式，但不完全是壳体结构，也可以分类到壳形椅类型中。

有一些椅子，无法归纳入棍结构椅、壳形椅、扶手椅或者一体型椅中，例如里特·维尔德（Gerrit Rietveld）的柏林椅（Berlin Chair）（图 4-3）也许应该更准确地称之为"板条椅"或"片形椅"。但到目前为止，绝大部分的现代椅子和古典椅子都可以根据它们的造型外观划分到以上提及的 4 类造型分组中。

对一种特定类型的家具进行研究，可以通过不同的角度。每一个角度都可以帮助读者获得一种理解这件家具设计作品的新方式。一方面通过读者本身对一件作品的感知，另一方面通过与其他作品进行比较。本章所选取的椅子，都是能够突出代表 4 种椅子类型的杰出设计作品。

首先根据对椅子外观的第一印象来判断其所属的造型类型，然后通过本书后面章节中对椅子构造类型（连接方式类型）的分类，就能够进一步理解结构和构造之间的差别。

我们会发现同一造型类别外形差别很小的椅子，在构造类型分类中却相差甚远，甚至构造形式完全不同，由此可见，椅子的造型和其构造方式并不一定是对应关系。

当我们把目光转向不同的椅子，脑海中会浮现许多不同的类型区分，例如从使用角度分类，可分为餐椅、休闲椅、工作椅、扶手椅、躺椅；从结构类型分类，则是完全依据椅子的结构形式。

在植物学中，比较形态学的原则是首先建立一个基础形态体系，然后通过研究个体的独有特征来理解个体的多样性。研究者试图在这种特征和类型学的基础上建立一种体系化的类型系统。

当把这个科学领域的分类方法应用到椅子的分类研究中时，可以说是尝试建立一种与椅子外形相关的椅子基础结构类型系统。在建筑学领域中也存在类似的类型学分类，例如牧场式房屋、塔式房屋和集合式房屋。

图 4-1　办公椅；伊姆斯夫妇

1. 棍结构椅

棍结构椅的定义是广泛的，包含了所有以棍结构作为主要结构的椅子，无论棍本身的形式是方形还是圆形、材质是什么，只要椅子的结构是由棍结构构成，就可以归纳为棍结构椅（图 4-4~ 图 4-10）。大部分棍结构椅的主要构件都以相似的形式进行连接，但这也取决于椅子的材质。

图 4-2　PK22 号椅②

棍结构椅常见的靠背形式是棍状纺锤造型或弯曲的板条造型，通常这种结构的椅子会有一个宽大的木质座面（作为靠背楔入的固定板），将靠背的棍结构楔入座面并在靠背的顶部用一个构件将棍结构固定住，这个构件可以是直线造型也可以是曲线造型。棍结构在传统的温莎椅（Windsor-type Chair）中十分常见，靠背顶部构件直接嵌入椅子座面，这个特征在布吉·莫根森（Børge Mogensen）的 FDB J4 椅中非常典型，组成靠背的棍可以从座面顶部楔入座面，也可以从座面底部反向楔入。

图 4-3　柏林椅；里特·维尔德，1923 年

图 4-4 FDB J4；布吉·莫根森,1944 年

图 4-5 米卡多椅（Mikado）；约翰内斯·福塞姆 & 彼得·西奥·洛伦曾（Johannes Foersom& Peter Hiort-Lorenzen）,1996 年

图 4-6 儿童高脚椅①（Child's High Chair）；里特·维尔德,1920 年

图 4-7 地中海风格的椅子（资料不详）

图 4-8 中国椅①；汉斯·瓦格纳（Hans Wegner）

图4-9　中国椅②

图 4-10　FDB J39; 布吉·莫根森，
1947 年

大部分藤编座面的椅子，都是属于这一类型。基于此分类，许多夏克教派（Shaker）和地中海类型的椅子，例如莫根森的 FDB J39 也都包含在这一类型中，著名的维尔德的红蓝椅（Red Blue Chair）（图 4-11）和大部分的折叠椅也属于棍结构椅。

2. 壳形椅

"壳"可以被理解为用任意可以想象的材料，构成单曲面或者双曲面，以及其他结构形式显示壳形的基本特征（图 4-12）。例如，依靠材料和结构的支撑采用伸展的结构，像网、帆，或帆布一类的椅子，通常是由管状、绳状或铁线状结构来固定的。例如 PK22 号椅，通过拉伸两个钢框架之间的帆布表现出壳形的结构；再例如蝴蝶椅（Butterfly Chair）（图 4-13），只有一张大的布框架挂在一个可折叠棒构造的棍形结构上。在以上两个实例中，凭借处理管状结构和拉伸材料，两个椅子的外观在任何情况下看都具有明显的壳形形态。

在壳形椅中，也有由一个或多个壳状元素所组成的椅子。例如，中段折弯或主体部分是一个壳体结构的椅子也包含在这一类别中，如阿尼·雅各布森（Arne Jacobsen）的蚂蚁椅（Ant Chair）（图 4-14、图 4-15）。

此外，由一种材料制造成一体式的或由复合材料制造但是外形是单一的或壳形结构的椅子，也包含在壳形椅类别中，例如由玻璃钢材料制成的潘顿椅（Panton's Chair）（图 4-16）。

3. 扶手椅

扶手椅中椅子的后腿是贯穿椅子靠背、扶手和座面的垂直部件。有一些扶手椅的扶手会超出椅子座面，扶手的线条在宽度和曲线设计上比座面更满足人体躯干的曲线。在平面图上看，其通常位于座面靠后的位置，以及椅子的端部。

扶手椅的前腿向上延伸形成扶手。例如，保罗·克霍姆采用实木弯曲设计

图 4-11　红蓝椅

图 4-12　模压胶合板椅①（Moulded plywood Chair）；格雷特·加尔特（Grete Jalk），1963 年

图 4-13　蝴蝶椅；乔治·法拉利·哈多依（Jorge Ferrari Hardoy），1938 年

图 4-14　蚂蚁椅①；阿尼·雅各布森，1951 年

图 4-15　蚂蚁椅②

图 4-16　潘顿椅之一；维纳·潘顿（Verner Panton），1960 年

的 PK15 号椅和由钢管为基本材料的 PK12 号椅，都属于扶手椅的范畴。

209 号弯曲扶手椅（图 4-17）和 PK15 号椅（图 4-18）的设计思路都来源于托耐特的椅子，尤其是 209 号弯曲扶手椅。同时产生的另外一个问题是，PK15 号椅和 PK12 号椅是否应属于棍结构椅的类型？因为这两把椅子的外观更加满足扶手椅的特点，所以它们属于扶手椅的类别。

通过分析 PK15 号椅可以发现，克霍姆通过延长扶手长度至椅子的前腿，形成了前腿和扶手一体化的结构。而托耐特椅的扶手在椅子的结构力学上来说没有实质作用。

勒·柯布西耶 LC7 号椅（图 4-19）的诞生同样受到托耐特的 209 号扶手椅的影响。托耐特 209 号扶手椅在众多国际家具设计作品中仍然是个罕见的实例，它直接影响了像 PK15、PK12 等丹麦现代家具设计。

总而言之，被归纳到扶手椅类型中的椅子是以椅子的扶手造型特征为标准从诸多的椅子案例中选择出来的。这一分类标准给出了一个非常具体的分类法则，例如一个棍结构椅由于具有明显的扶手造型特征所以应该被分在扶手椅类型中。汉斯·瓦格纳设计的 Y 形椅（图 4-20）是典型的棍结构椅，但它区别于其他棍结构椅，有着明显的扶手椅特征，即从中国圈椅中学习而来的弧形水平扶手和靠背造型。

扶手椅在丹麦家具设计中出现较少的重要原因之一，是从 1920 年代开始所有的西方主流设计思潮都跟随包豪斯学校的设计主张，即摒弃历史中旧的形式，从零开始开启设计的新时代。例如里特·维尔德在新形式和材质中的设计创新，他是非常典型的包豪斯主义者，摆脱过去、脱离传统，尝试创立一种全新的形式。

当然，在这些设计尝试中，有着许多精彩的、有突破性的家具设计作品；但另一方面，在创新的过程中也丢失掉了一些历史的精华（图 4-21）。

我们将注意力转向北欧国家，尤其是以阿尔瓦·阿尔托为代表的国家——芬兰，他倡导用更加人性化的设计方法诠释国际主义和现代主义，从中可以看出芬兰设计师在尊重手工艺传统的基础上进行现代主义设计的理念。

在丹麦，1924 年凯尔·克林特（Kaare Klint）成立了 MØbelskolen（丹麦皇家艺术学院家具设计系前身），他倡导继承传统家具设计文化精髓并对经

图 4-17　209 号扶手椅；托耐特，1880 年

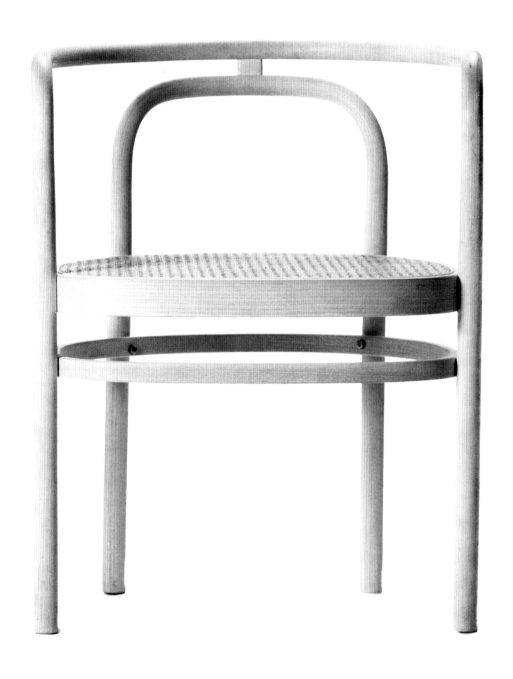

图 4-18　PK15 号椅；保罗·克霍姆，1979 年

图 4-19　LC7 号椅；勒·柯布西耶

图 4-20 Y 形椅；汉斯·瓦格纳，1950 年

典的家具文化进行新的诠释。

克林特并不主张将所有过去的东西放在一边，他坚信传统手工艺经历了数个世纪的努力所创造出来的家具文化是珍贵的知识和财富。

这些来之不易的文化精髓不应被遗忘，消失得毫无痕迹。因此在克林特的教学以及家具设计中融合了对过去家具文化的提炼，融合了现代材料、技术、人体测量学的发展成果，从而完成了新时代现代家具设计的全新演绎。可以说克林特明白如何将过去和现在结合在一起，并将这些共同指向未来。

从 18 世纪末到现在，丹麦的家具制造经历了非凡的发展过程，其重要原因之一得益于克林特所创立的丹麦皇家艺术学院家具系，该系所培养的众多建筑师和艺术家与丹麦的家具手工艺匠人密切合作，将丹麦家具设计和制造水平提升到了前所未有的高度。在这种尊重历史和传统的现代主义设计观念下，扶手椅作为传统家具造型的元素在丹麦家具设计中得以延续，避免了在席卷欧洲的现代主义设计思潮中销声匿迹。

尊重传统的设计原则使得一些家具类型像主旋律一样不断在丹麦家具设计史中再现，例如尼古拉·阿比尔加德（Nikolai Abildgaard）的新古典主义风格的克里斯莫斯椅，近似于一种对传统的致敬，与当时同时期的国际主义背道而驰。以这种方式致敬经典，对设计师来说是一种极大的挑战，如何继承并超越经典是设计的分毫之争。

图 4-21　克里斯莫斯椅（Klismos Type Chair）；古斯塔夫·弗雷德里克·黑奇，约 1840 年

4. 一体型椅

一体型椅的丹麦语是 Monolith，来源于古希腊，意为由一整块石头组成。该词也被应用于地质学领域，指山、悬崖地形或巨大的石头。在建筑和艺术上，这个专业术语指使建筑体或者物件的表面成为一个整体形态。比如，方尖碑、圆柱、纪念碑。

这里选择使用这个术语作为标题来描述一个类别，这类椅子也可以称作是有机的、没有一定形态的、仿生的椅子，它们甚至还有一个流行绰号"团椅"（图 4-22~ 图 4-24）。

图 4-22 躺椅；马克·纽森（Marc Newson），1997 年

图 4-23 超大水泡沙发之一；凯瑞姆·瑞席（Karim Rashid），2002 年

图 4-24 唐娜沙发；盖特诺·佩斯（Gaetano Pesce），1969 年

可以说，大部分有机形态的椅子都是一体型椅。尽管我们强调了一体型椅的外形特征，但本书将所有壳体状的椅子归为"壳形椅"类别。

因此有的椅子，例如潘顿椅将被划为壳形椅而非一体型椅。又例如由丹麦Komplot Design 公司设计的无名椅（图4-25），由于其外形高度一体化的印象，本书将它划入一体型椅的类别里。因此一体型椅的类型划分是根据椅子的外形主体印象而来的（图4-26）。"我母亲切斯菲尔德沙发的写照"（图4-27）也是同样的道理，尽管该座椅也可以被认为是扶手椅，但它的一体性雕塑感的外观更为强烈，因此本书将其归为一体型椅范畴。

隶属于一体型椅类型下的椅子，其外观印象多为封闭的整体结构，不管椅子的造型是多么有机或不对称。

例如格雷克·林（Greg Lynn）的馄饨椅（图4-28），懒人沙发类的布洛贝椅（Blob）都属于一体型椅。马克·纽森、盖塔诺·佩斯、凯瑞姆·瑞席和埃德加德·安德生等都曾设计过团椅。

图4-25　无名椅；Komplot Design，2007 年

图4-26　木塞椅；贾斯珀·莫里森（Jasper Morrison），2007 年

图4-27　"我母亲切斯菲尔德沙发的写照"；埃德加德·安德生，1964 年

图4-28　馄饨椅；格雷克·林，2005 年

造型类型

棍结构椅

丹麦椅

FDB J39；布吉·莫根森，1947 年

孔雀椅；汉斯·瓦格纳，1947 年

扶手椅

法伯格椅；凯尔·克林特，1914 年

Y 形椅；汉斯·瓦格纳，1950 年

壳形椅

PK0 号椅；保罗·克霍姆，1952 年

潘顿椅；维纳·潘顿，1960 年

一体型椅

无名椅；Komplot Design，2007 年

我母亲切斯菲尔德沙发的写照；埃德加德·安德生，1964 年

外来椅

红蓝椅；里特·维尔德，1918 年

超轻椅；吉奥·庞蒂，1955 年

LC7 号椅；勒·卡布西耶，1928 年

209 号扶手椅；托耐特，1880 年

LCW 椅；伊姆斯夫妇，1945 年

郁金香椅；埃罗·沙里宁，1955 年

木塞椅；贾斯珀·莫里森，2007 年

超大水泡沙发；凯瑞姆·瑞席，2002 年

五、连接件材质类型

每种材料都有其加工、成型和装配的特性，我们应该尽量在设计和生产的过程中尊重并凸显材料的特性。为了让读者获得对家具材质和连接特性的完整了解，本章将常见的材质分为木质、金属、塑料和复合材料三大类，继而将连接方式划分出四大类型。将所有的连接方式仅仅分成4类显然有些狭隘，我们可能发现许多连接方式并不能归入这4类之中，因此这个分类形式不是绝对的，更适合当作帮助读者理解连接件类型的辅助工具。

几千年来，木材都是家具和建筑的首要材料，这种情况一直持续到20世纪，当人们第一次见到用钢材制造的家具，情况发生了转变。20世纪后半叶，钢材开始与塑料以及后来出现的其他纤维复合材料一起受到人们的关注。新的材料给予了设计和连接件新的可能，同时加工技术的革新也促进了新材料的加工和适配。

在理解和发掘材质的可能性方面，触觉系统的感知也起到了重要的作用，这种感知让我们通过触觉来识别物体和材质，当然这种感知也与当时这一材质的发展进程有关。对于设计师来说，感知输入以及对周围事物的感知印象是极为重要的专业素养。

对于家具设计师来说，最重要的感官是视觉和触觉，能够敏感地识别一种材料的冷暖特性尤为重要。嗅觉和听觉当然也在设计过程中起到了一定的作用。例如巴西红木由于质地细密，变形系数小，因此适合制造完美音色的木琴。有的设计师仅仅根据材料发出的特定声音，就能够判断出这种材料是软的、脆的还是硬的。

接下来，本章将简短地对木材、钢材和复合材料作更为详细的分析，随后再讨论4种主要的连接方式类型。

图 5-1　儿童高脚椅②

1. 木质

由于木材在建筑材料中的首要地位，在古老的埃及文明时期，就有大量使用象形文字记载有关木材连接方式的内容，因此我们从先人那里继承了多种对木材进行精良加工和连接的方法。在所有的经验方法中最为重要的一条基本原则就是木材需要顺着木材纤维生长的方向加工，在遵循这一基本原则的前提下形成的有关木材胶合和装配的经验就构成了非常重要的木材加工工艺知识。一个独立的木质胶合连接件就形成了一个完整的有机体系，这个连接件能够像一块完整的木头一样坚固。

木材这一材质，像比重计一样实时地反映着空气中水的含量，是一种活的材质，这对于加工来说是一个特殊的问题。木材对于空气中水的吸收和释放直接反映在外形上，其会因此而弯曲、开裂、扭曲和变形。

木质连接件也起到了将木材应力从一部分传输到另一部分的中间介质的作用。这种应力传递的方式可以通过压力组装在一起，也可以是将部件进行弯曲处理。在家具制造中，最精彩的连接件往往出现在角部连接上，角部连接也是连接方式中最早出现的连接类型（图 5-1）。通常来说，木质连接件的强度决定了家具的总体强度，因此，木质连接件在整体设计中对作品的成败起到了决定性的作用。

在古代，还没有现在这么高强度的胶，用木质连接件来连接不同部件的方式从某种程度上来说非常有限。这种未能借助胶来连接的限制反映在了当时的结构形式中，例如我们所看到的未借助任何胶制造的古埃及的家具。并且鉴于当时获得木材的难度，以至于古埃及的家具更倾向于偏纤细尺度的木结构形式。许多古埃及的靠背椅是采用一种三角形的支撑结构（图 5-2~ 图 5-4），用于支撑原本薄弱的连接件，同时这种结构形式也让椅子呈现出了一种简洁而又具有特点的造型，这一结构在芬·尤尔的酋长椅中也被借鉴和采用（图 5-5）。在许多简单的棍结构椅中，例如常见的地中海式的棍结构椅，也都是不采用任何胶连接在一起的，椅子座面的框架直接楔入椅子的腿部，撑子呈两头细中间粗的造型，整个结构稳定性依靠座面的藤编结构来实现。

图 5-2 传统埃及椅与压力组装

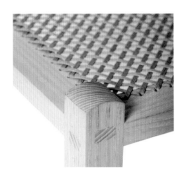

图 5-3　埃及椅①（原型始于约公元前 1250 年）；丹·斯瓦特（Dan Swarth）

图 5-4　埃及椅②

图5-5　酉长椅②

图5-6 孔雀椅①；汉斯·瓦格纳，1947 年

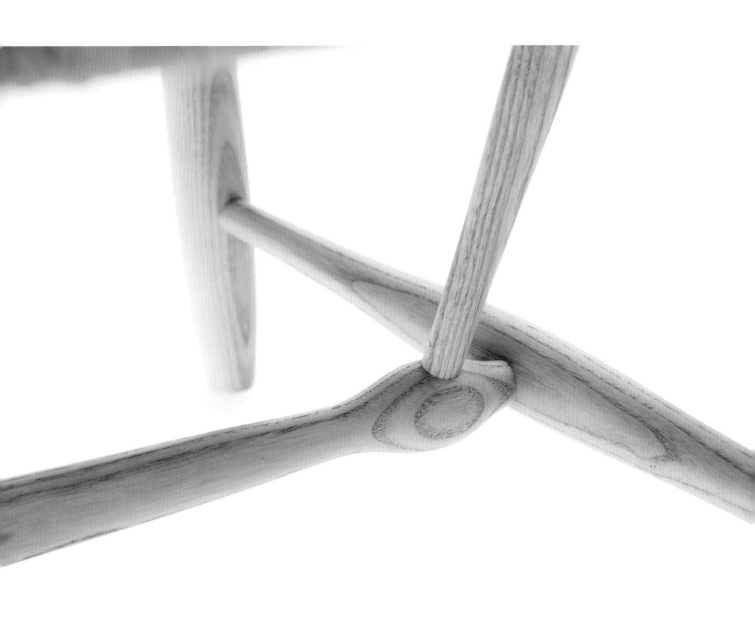

图 5-7　孔雀椅②

图 5-8 孔雀椅③

"文明进步过程中的独特点是，人们在追求新的事物的过程中忘记了一些过往的几个世纪的经验并一路向前，但到一定阶段又必须回过头来思考哪些有价值的文化被遗忘了。"[7]

——詹森·克林特（P.V. Jensen Klint）

极好的结构强度也可以通过应用多个连接点来实现，汉斯·瓦格纳的孔雀椅（图 5-6~ 图 5-8）是从英式的温莎椅演变而来，这种椅子的造型就包含了多个垂直的竖撑。

孔雀椅背部的多条竖撑固定于座面和靠背顶部的弯曲构件之间，形成了极为强大的静态稳定结构。在这一简单的结构之上，瓦格纳进一步改进并设计了几个更为精致的连接件。最突出的改进是孔雀椅座面下方的横撑构件，座椅靠背的顶部弯曲构件穿过座面直接插入座面下方的横撑，这一横撑也随之连接了两侧腿部之间的撑子。为了让这个连接件强度更加稳定，他将几个部件连接的接合处作了极具创意和美感的加粗处理。

工业革命之后，出现了新的处理椅子角部连接的可能性。在一定条件下，蒸汽热弯和模压技术可以完全取代传统木质的椅子角部连接方式。迈克尔·托耐特的维也纳椅（Vienna Chair）也许可以看作是家具制造历史中首次采用工业化生产技术的家具案例，实木热弯技术的应用使椅子的结构非常直观，呈现出了一种全新的美感。弯曲的构件之间相互连接赋予维也纳椅一种稳定而有张力的结构，这一椅子也引领了之后的设计潮流，甚至对 1920 年代德国的金属家具设计也产生了重要影响（图 5-9）。

图 5-9 托耐特 14 号椅；迈克尔·托耐特，1859 年

在木质连接件中，为保证较好的强度需要获得尽可能大的胶合表面，这对于木质连接件的强度稳定性至关重要。今天我们在胶的技术上有所进步，胶的强度和耐用度增强，这使得在设计的过程中可以适度地缩小连接件和部件的尺度。

更近的一个使用工业化加工技术制造经典美感的案例是尤根·加默尔高（Jørgen Gammelgaard）与一个技术研发机构合作的一个具有大面积胶合表面的木质角部连接件（图 5-10）。这一案例告诉我们增大木质连接件的胶合面积也可以通过叠加的木构件实现。

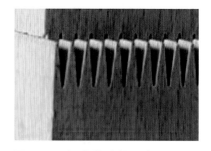

图 5-10 锯齿状连接件（Zig-zag-joining）；尤根·加默尔高

这种通过叠加木构件增加胶合总面积从而增加强度的方法也表现了木材这种天然材料的本质特点。

阿尔瓦·阿尔托持续在胶合板弯曲技术中不断探索，他设计了"弯曲的膝盖"（图5-11~图5-13），即将胶合单板插入实木部件中，使其沿着木材产生纵向叠层效果，然后弯曲到所需的角度固定。阿尔托称他设计的椅腿是小型的"建筑基柱"。这里有个"低技术"原则，即通过简单的技术成型，没有重压型机械也能将弯曲部件制作出来。这是一个很好的无需借助任何机械就能将传统手工艺变为现代设计作品的案例。

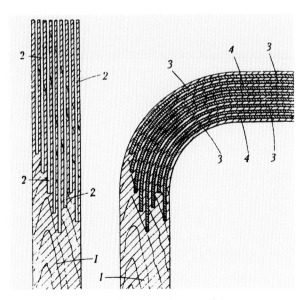

图5-11 "弯曲的膝盖"图示；阿尔瓦·阿尔托

图5-12 "弯曲的膝盖"65号模型①；阿尔瓦·阿尔托，1933年

图 5-13　65 号模型②

图 5-14 金属椅之一；伊姆斯夫妇，1950 年

2. 金属

为了给现代主义创造新的设计可能性并且适应现代化的机器大生产，1920 年代左右，钢材作为一种主要的家具结构材料被引入（图 5-14）。这一时期，尤其是在以包豪斯为核心的设计流派中，都竭力尝试如何开发钢材的不同可能性（图 5-15），这并不是因为木材的创新已经毫无空间，而是因为以包豪斯为核心的现代主义设计渴望突破传统，不希望局限在传统的木质工艺里。出于这个原因，设计师们开始寻找新的材质，研究新工艺。钢材有其局限性和缺点，它远不如木材柔软，它作为家具的结构材料实现了很好的稳定性，但同时也让结构本身重量增加了许多，相比木材实现同样稳定的结构，钢材的重量大得多。

金属显然不能简单地使用已知的木材连接方式，因为材质的各方面条件都是不一样的。作为一种结构材料，金属更多的是需要与工业化大生产结合。

金属的部件通常是被生硬地截断，随后通过焊接技术或者螺丝和螺母连接在一起。这种材料虽然不采用木材的连接方式但两个部件连接的时候仍然需要像木质连接件一样的接触表面。不过金属结构所需的接触面并不像木质结构中要求的那样绝对和必须。在使用金属材质时仍然要面对家具结构的角部连接问题，当然金属结构的角部连接也可以通过使用类似木质结构中的蒸汽热弯技术来解决。

钢管椅的诞生标志了一种全新的悬臂结构家具的出现，这种形式突破了过去传统的美学原则，悬臂结构让人得以坐在没有后腿的椅子上。这种新的结构形式是通过新的材料性质而实现的，从而引发了有关新的设计适应性的热切讨论。

图 5-15 悬臂椅；密斯·凡·德·罗，1927 年

3. 塑料和合成材料

随着第二次世界大战之后合成材料的出现和发展，家具设计师可以不局限

于根据现有的材料进行设计和创作，合成材料让设计师们可以有机会"设计"自己的材料。

塑料在许多方面都实现了人们希望有一种材质既要强度好同时又在三维上具备均匀性、各向共性和可延展性的梦想。本质上，塑料是一种不受外界环境温湿度影响的材质，设计师可以完全专注于造型和功能。设计师在设计塑料材质的造型时所受到的技术条件约束相比起木材的模压工艺（其受到木材分子结构的影响）要小得多。

此外，塑料材质适合大规模工业化生产的特点也很重要，它让家具生产者可以将所有的生产过程融合缩减为一个步骤，例如著名的潘顿椅（图5-16）从结构到表面处理都是塑料模压一气呵成。这件家具的强度是通过材质的浓缩和模压获得的，尤其是潘顿椅座面和底部支撑转接的位置承受了相当大的压力。

图5-16 潘顿椅之二；维纳·潘顿，1960年

同时人们也忽然意识到可以使用塑料来"仿制"其他质感，通过不同类型的模压技术，塑料的表面质感可以看起来像皮革材质。

塑料材质在大规模生产的情况下成本是低廉的，因为这种材质的加工几乎不产生任何废料。在这一点上，塑料显然优于其他天然材质。当涉及天然材料时，材料和生产的成本通常较高，如木材，仅在挑选、处理边材、刨削加工过程中就已经产生大量的浪费。天然材质的局限性很难改变，而合成材料则提供了根据设计需求对材质进行同步设计的可能性。这也考验了我们的知识储备，使用新材料要对其构成和质量均作考量。与所有材质一样，塑料也有它的缺点。它不会呼吸，因此坐在塑料材质上可能即刻有冷的，不舒服的感觉；另一个缺点是，塑料表面很容易刮伤，并且这种刮伤不容易修复。塑料表面单一的质感以及材质本身易氧化这两点都使得塑料相对于天然材料逊色太多，这也是塑料材质有待突破的挑战。

近年来可以看到很多突破塑料材质局限性的很好的案例。有关塑料材质的可持续性问题则是另外一个更加紧迫的议题，在设计产品的过程中需要将塑料材质的回收同步考虑进去。

塑料材质提供了制造一体成型椅的可能性，这可以让一件家具完全不需要连接件（图 5-17）。这种一体成型家具要求其尺度和造型能够将家具所承受的压力传导到地面，木材和金属家具可以使用的精良连接件对于塑料家具来说并不适用。最为典型的塑料家具案例无疑是维纳·潘顿为 Vitra 公司设计的玻璃钢材质的潘顿椅，其借鉴了悬臂椅的造型，在塑料这一材质的创作上获得了极佳的效果，其外形甚至给人一种静止的流动感。

另一个典型案例则是乔·科伦博（Joe Colombo）设计的万能椅（the Universale Chair）（图 5-18），这把椅子是另一种类型的塑料材质创作。潘顿椅是对现代简约风格的极致表现，而万能椅则更为接近一把椅子 4 条椅腿的原型印象。如果需要降低坐高，椅腿下端的连接件可以拆除，这使得椅子的所有构件都能适应大规模工业化生产。此外，这也是第一把使用 ABS 塑料模压铸造的椅子，万能椅制造于 1965 年。同样的设计风格也包括伊姆斯夫妇设计的塑料椅（图 5-19）。

图 5-17　郁金香椅；埃罗·沙里宁，1955 年

图 5-18　万能椅；乔·科伦博，1965 年

近年来，多样化复合材料的应用让家具设计师获得了更好的技术支持。复合材料中纤维材质的添加对塑料材质的结构性能有所提升，同时厂家也为设计师提供了充满美感的多样化肌理的复合材质。约翰内斯·福塞姆和彼得·西奥·洛伦曾所做的木质纤维复合材料实验就是很好的例子，高强度的复合材料与颜色和纤维的结合，为新美学的诠释提供了可能（图 5-20）。

图 5-20 印记（Imprint）；约翰内斯·福塞姆和彼得·西奥·洛伦曾

图 5-19 塑料椅，2003 年（左）；强化玻璃纤维椅①（Reinforced Glassfiber Chair），1953 年（右）；伊姆斯夫妇

六、连接方式类型

在阐述有关连接方式的内容之前,需要先界定所观察的范围,从分子层面来看,世间万物都是由各个部分组合而成的。

本章研究的范围是椅子各个部分的连接:椅腿、座面、椅背、撑子,以及椅子的垂直面到水平面的连接,关注的并不是材料在分子层面上的构成,而是形式上的连接关系。以下将空间和物理层面家具的部件连接方式分为 4 个主要的类型,帮助读者建立起对于连接方式的理解架构。

图 6-1　PK27 号椅;保罗·克霍姆,1971 年

1. 距离连接

在这种连接方式中,椅子的两个较大的部件之间是由一个较小的插入部件来进行连接的。这个较小的插入部件,在许多情况下是由不同于椅子主体材料的其他材料制成的。例如,在克霍姆的 PK27 号椅中所使用的橡胶连接件,橡胶这一有弹性的材料为椅子上半部结构提供了灵活性(图 6-1)。伊姆斯夫妇在玻璃纤维椅中也将橡胶作为底部金属框架和上半部壳体结构之间的过渡和转换材料(图 6-2)。

图 6-2　强化玻璃纤维椅②

距离连接所采用的插入连接件没有材质的优劣之分,连接件材质的选择只取决于具体的用途,它可以用于连接一种材质的两个部分,也可以用于转换和过渡两种不同材质的椅子部件。

如果距离连接运用得恰到好处,则能够呈现出部件组合的奇妙效果,即部件与部件之间,既保留了自身的形状,同时又在视觉上给人感觉是一个整体。

这种结构的实现需要大量的知识和经验来把握连接件材质、尺度以及恰当地使用。PK22 号椅(图 6-3)是距离连接教科书般的案例。本书在其他章节会更详尽地分析这把椅子,诸如它对椅子结构的全新诠释以及它的水平和垂直

图 6-3　PK22 号椅③

图 6-4　金属椅之二；伊姆斯夫妇，1950 年

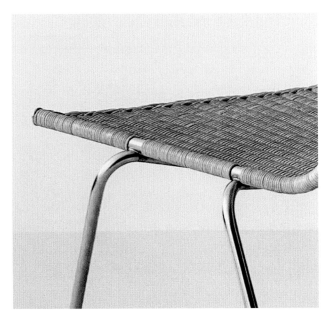

图 6-5　PK1 号椅；保罗·克霍姆，1956 年

图 6-6　模压胶合板椅②

图 6-7　钻石椅（Diamond Lounge Chair）；哈里·伯托埃（Harry Bertoia），1955 年

支撑结构，让人不禁想起建筑学里的梁柱结构。

距离连接频繁地被运用在当两种材质的部件需要结合在一起的时候。但这种连接方式潜在的美学价值并没有完全被人们注意并使用，这真是令人感到遗憾。例如，常见的畅销办公家具中的钢管底座壳体椅，这种椅子许多厂家的做法是将座面和底座直接焊接在一起销售，从专业角度来看，如果使用距离连接的方式显然能够使一款壳体椅从同类产品中脱颖而出。

2. 接触连接

接触连接指的是椅子的不同部件接触到一起后，仍需要依靠单独的连接件或者采用焊接方式进行连接，并且大多是通过金属连接件进行连接。接触连接最明显的特征是金属被切断，然后通过焊接或螺栓螺母连接在一起（图6-4~图6-7）。

在近些年出现的工业化生产的木质家具，尤其是人们熟悉的宜家家具产品中，经常能够发现木质的家具部件使用钢角撑连接在一起，例如在木质的腿部用螺栓固定一个三角形的金属部件。这种连接件显然不如传统的木质连接件结实，并且经常需要重新调整加固。

一个特殊的案例是贾斯珀·莫里森为维特拉公司设计的木质胶合板椅（图6-8），这把椅子的木构件就是通过接触连接而不是榫卯连接的。椅子的整体材质是胶合板，椅子侧面望板与椅腿通过木螺钉压合。为了达到结构强度，椅子的座面下方增加了一个十字交叉结构，分别将前后望板和左右望板连接在一起。这样一来，椅子的承重就从4个角部传送到了座面正下方的十字交叉结构上，椅子整体的负荷受力实现了相对均匀的分布。

这种结构方式与椅子的用材相适应，因为胶合板的特征之一就是两个纤维方向的平均强度的叠加，当然胶合板的强度也取决于单板的数量以及胶合板横向纤维与竖向纤维是如何被粘合在一起的。

图6-8 木质胶合板椅；贾斯珀·莫里森，1988年

3. 榫卯连接

榫卯连接结构在木家具中表现得登峰造极，这是木材最自然的连接方式（图6-9、图6-10）。榫卯结构经过了千百年的发展，日趋完善，可以应对和解决各种情况的木结构连接需求，可以系统解决木质家具和建筑结构问题。因此，无论家具还是建筑，榫卯结构在全世界都广为使用。

在古老的文化中，特别是在中国，有许多真正高度发展的复杂的传统榫卯结构，值得学习借鉴并应用在现代木结构家具设计中。

许多设计师都曾将木质连接件使用在他们的椅子设计和表达中。汉斯·瓦格纳喜欢通过强调连接件细节来作为装饰，他十分喜欢在设计中引入一种与主体材料对比强烈的木材，这样木质结构能够更丰富有趣地表达出来（图6-11、图6-12）。阿尔瓦·阿尔托曾经不断地研究木材形态弯曲的新的可能，他应用家具连接件的研究成果，换位思考，将椅腿看作是建筑设计中的柱子。

凯尔·克林特设计的一把折叠椅——螺旋腿椅（The Propeller Stool），设计灵感来自螺旋和扭曲，椅子折叠后看起来跟一根完整的圆木一样。在椅子展开的时候，我们看到的是柔软有弹性的座面。腿部的螺旋造型和座面的材质巧妙地赋予了整把椅子轻盈优雅的特点（图6-13）。

在这把椅子的框架结构中，克林特在木材连接的部分充分利用了榫卯结构，采用最清晰的连接方式让榫和卯完美地拼合在一起。这种精妙的设计技巧，也应用在了他所设计的著名的经典作品，萨拉·柯蒂斯椅上。

　　"精妙的结构比其他任何东西都更能表达设计中最本质的思想。通过结构来表达设计的内涵，必须清楚地知道设计所强调的是什么，清楚结构的重点是什么。有可能就是使用两片颜色反差大的木材来表达一个连接件。"[8]

——汉斯·瓦格纳

图6-9 埃及折叠椅① (Egyptian Folding Chair)；奥雷·温彻尔 (Ole Wancher)，约公元前 1500 年复制品，1957 年

图 6-10　埃及折叠椅②

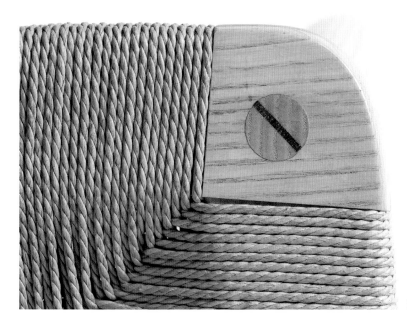

图6-11 孔雀椅④

图6-12 牛角椅（Cow-horn Chair）；汉斯·瓦格纳，1952 年

图 6-13 螺旋腿椅；凯尔·克林特，1930 年

4. 形态连接

形态连接是指无需通过任何连接件，仅通过一体成型的工艺和技术完成椅子各部分的衔接。

这里主要列举了这一连接类型中塑料和合成材料制成的椅子，材料的特殊性为这种"隐形"连接或"平滑"连接提供了可能。潘顿椅由于其形态流畅、精准、完整，很难精确区分椅腿在哪里延伸到座面，座面又在哪里变成椅背，通过增加连接部位的尺度来获得足够的结构强度和稳定性，材料特性被利用至极致。

阿尔瓦·阿尔托设计的一些椅子，其木质连接件在竖直和水平方向过渡的形式也属于形态连接。从连接类型的角度来讲，密斯·凡·德·罗的巴塞罗那椅抢眼的交叉焊接钢制椅腿也属于形态连接类型，同样也包括无名椅和PK25号椅（图6-14~图6-16）。

图6-14　模压胶合板椅③

图 6-15 PK25 号椅①；保罗·克霍姆，1951 年

图6-16　PK25号椅②

图 7-1　肯尼迪椅①（The Chair）；汉斯·瓦格纳，1949 年

七、椅子的构造

为了阐述本书所应用的类型学研究方法对"构造"这一概念的解读，许多不同类型的椅子将在本章中被引用。

这些椅子被拿出来重新审视，比较其中的细节，有时是以一把椅子单独作为一个案例，有时则是与另一把椅子进行反差式的比较。

当我们仔细观察瓦格纳的肯尼迪椅（图 7-1），可以发现这把椅子扶手和腿部的接合方式与格陵兰岛的捕鲸者椅（Greenlandic whaler's Stool）（图 7-2）甚至与埃及墓葬出土的家具极其相似。这种异曲同工的细节处理方式充分表明，这种精妙并万无一失、充满美感的连接方式通过匠人们的手和艺术的心灵持续传承着。

众所周知，最早的木结构家具可以追溯到几千年前，古代埃及已经有了非常精湛的木质连接件。毋庸置疑，瓦格纳的肯尼迪椅受到了捕鲸者椅甚至埃及折叠椅的影响，在 20 世纪现代家具中的另一件木质家具——埃及折叠椅中，同样能够发现这种极简并有着手工艺美感的细节处理方式。折叠椅的腿部楔入了底部的横撑，两个部件连接的部分雕刻打磨成一体造型，正如捕鲸者椅的座面与腿部连接处被打磨成一体连续的造型一样。

这种工艺和细节处理方式同时应用在了两把不同的椅子上，在 20 世纪现代家具设计浪潮中，曾经有一个时期的设计灵感来源非常集中，那就是古埃及家具、古希腊家具还有中国古典家具；其他灵感来源还有美国的夏克教派家具、英国的温莎椅以及地中海类型的椅子。

瓦格纳所设计的家具几乎都是木质的，他可以说是现代家具设计中对木质材料驾驭最好的大师。从肯尼迪椅贴身的靠背设计和圆柱形的部件可以看出，这把椅子的设计显然受到了中国明式家具的影响。因为其特别的扶手以及靠背一体的上部构件与 4 根围栏式的腿部构件的连接方式，整个椅子呈现出一种手工艺式的设计美感（图 7-3），而这种美感在前面所提到的埃及折叠

图 7-2 格陵兰岛捕鲸者椅

图 7-3　肯尼迪椅②

062　椅子的构造

椅（图 7-4）和格陵兰岛捕鲸者椅中已经出现。椅子扶手和靠背的上部构件，
自然地随着与腿部连接的轨迹延展并与腿部衔接配合。椅子上部和腿部的构
件在进行连接时，都各自预留了用于打磨配合的空间，两个部件连接在一起后，
通过细致地打磨，将上下两个部件优美顺滑地连接在一起。

　　如果我们将肯尼迪椅与 PK11 号椅（图 7-5）进行对比，可以明显看出
椅子的扶手和靠背与腿部连接方式的不同。首先，瓦格纳的肯尼迪椅是一把完
全用木质材料制作的椅子，而克霍姆的 PK11 号椅则是一把不锈钢椅配了木
质的扶手和靠背，尽管这两把椅子都属于扶手椅的范畴。

　　在前文所讲述的这些案例基础上，需要更进一步去理解的是汉斯·瓦格纳
式的连接处理方式，一定程度上是来自存在于长久以来的家具文明中，经过历
代推敲的工艺和技术，这种技艺被他有效应用在了现代家具设计中。通过这种
精巧的连接处理，肯尼迪椅也同样给人一种精妙的设计美感，而这种美感和靠
背扶手与腿部的连接方式直接相关。试想如果这把椅子的靠背扶手与腿部连接
位置是非常僵硬、毫无打磨和线条过渡的话，造型美感将大打折扣。秉承同样
的设计和工艺美感，靠背扶手与腿部连接的弧线按照一定的美学比例关系在后
续的腿部造型中优雅地延续、过渡、展开。

　　与瓦格纳相比，克霍姆在椅子的构造上采用了完全不同的处理方式。他让
椅子金属结构的阳刚锋利控制顶部的椅子扶手造型。在克霍姆的设计法则里，
金属材质之间不能采用交叉嵌入的形式进行连接。金属部件可以被精准地切割
成非常锋利的形状，然而，这样冷峻造型的金属部件仍然能够通过焊接的形式
直接与另一个金属部件进行连接。

　　金属与木质材料不同，并不适于交叉连接。克霍姆认识到这点，因此他所
采用的连接方式正是尊重了金属材质本身的特点。也正是由于尊重不同材质自
身的特点，PK11 号椅的腿部并没有采用插入式的方法直接与扶手靠背连接，
而是在木质扶手靠背和椅腿之间保留了一个空隙作为两种材质之间的过渡。顶
部的木质扶手靠背通过一个明显的预制金属部件与椅腿相连接。瓦格纳椅子
的框架是经过铣床和手工刨加工的，椅子的座面编织带有明显的手工艺痕迹，
PK11 号椅的靠背扶手则是采用了 7 层复合的木质材料（图 7-6），每段拼接

图 7-4　埃及折叠椅③

图 7-5 PK11 号椅①；保罗·克霍姆，1957 年

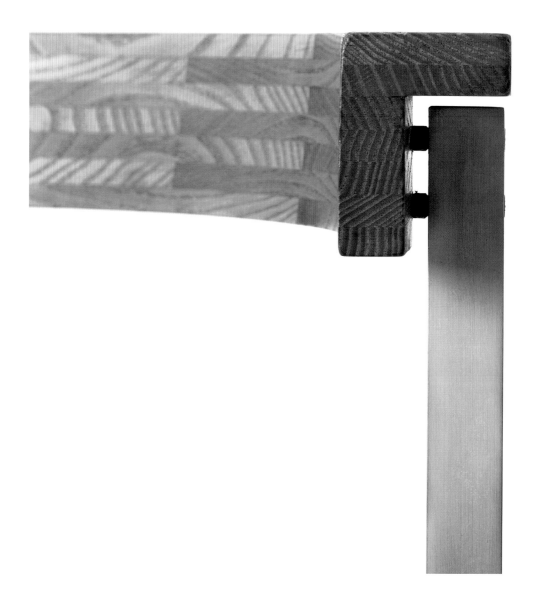

图 7-6　PK11 号椅②

而成的材料都是同样的长度，用胶将这些定制的层积材压制成了接近半圆弧的扶手和靠背，胶压过后的 PK11 号椅靠背扶手没有打磨，一次成型，呈现的是一种明确、干脆的直线边缘造型。

在理解上述所指出的家具连接的不同形式的基础上，可以概括出最本质的两种家具部件连接方式的不同：瓦格纳的成功，得益于他继承了木文化中榫卯连接的精髓，将这些木结构的智慧运用在现代家具设计中，并作出了极大的拓展，因此他的家具是基于精密连接的木结构工艺。而克霍姆的作品则非常一致地采用了前文所说的"距离连接"的方式，金属与木质以及其他材质之间保持了一定的微妙距离，并且不刻意隐藏所使用的金属连接件。

在木结构家具中一直延续应用的梁柱体系式连接方式，在第二次世界大战期间被功能主义先锋派家具设计师完全颠覆了，甚至座面和靠背也只需要一个模具一次完成。这一时期的先锋派代表家具设计师是维尔德和马歇·布劳耶（Marcel Breuer）。布劳耶在 1926 年所设计的 Model B3 椅，也就是后来被大众认知的瓦西里椅（Wassily Chair）（图 7-7），织物被拉伸绷在开放的框架上，身体坐在上面像是悬空在一个三维的线网型结构中，这个线型的结构只提供了椅子的框架，身体和这个框架没有任何接触。这种把与身体接触的椅子部分处理地非常简洁和紧凑的方式，在芬·尤尔设计的酋长椅中也有类似的运用，尽管酋长椅的造型更加有机并且包含了潜在的幽默感。

图 7-7　瓦西里椅；马歇·布劳耶，1926 年

从家具的社会意义层面来说，与同时期丹麦 FDB 木工坊所设计生产的，进入大部分普通家庭使用的平价、外形更加通俗的丹麦家具相比，酋长椅（图7-8）有着一种讽刺和反思的意味。并不仅因为酋长椅所起的名字和这把椅子的庞大体量，其背后是这把椅子试图去占有属于它的空间和气场以及关注度，这些都决定了这把椅子并不是为普通人所设计的。同时这件椅子的工艺和构造以及零售价格（大约为 20 万人民币）都只能将它归结为不是为工薪阶层设计的作品。

然而，酋长椅不仅只是同时期形成讽刺反差的家具作品，它同时也是一件努力打破常规梁柱体系木结构椅的典范，提出并设计了一种新的木结构椅子形式。

图 7-8　酋长椅③；芬·尤尔，1949 年

更重要的是，这把椅子的构造将家具手工艺的精湛水平以及对木材的品质要求都推向了巅峰。椅子的座面和靠背在视觉上看都脱离了三角形的椅子结构本身，这种处理方式的灵感一定程度上来自于古典埃及椅子的启发。整把椅子创造了一种吸引人的气场，通过特殊的设计和构造，框架上近似悬浮的有机造型的靠背和扶手像是飘浮在空气中的树叶，准备好了接受并容纳身体。酋长椅其他位置的装饰手法也增加了这件椅子的飘浮艺术感，椅子的扶手部分是两片皮革装饰的有机造型，前后两端微微向上翘曲并脱离了下方水平面的支撑。由于扶手的这种有机和轻盈的形态，坐下来抓握时，近似于抓握两片围绕椅子前腿周围的轻盈而有动感的扶手叶片。

椅子的靠背采用了类似的手法，皮革装饰的靠背下半部分同样与倾斜的后腿分离，极大的弯曲弧度使得椅子的靠背形状非常具有识别性，并最终采用了一种极具挑战的工艺手法，将后腿和椅子两侧的框架，这两个棍状的结构最终交汇于一个顶点完成了椅子顶部的细节处理。

尤尔的酋长椅和克霍姆的 PK22 号椅（图 7-9、图 7-10）的外形，给人的第一印象是显示了极为不同的两种造型特征，两位设计师都倾尽全力并痴迷于颠覆传统的椅子构造。虽然两把椅子的创作是完全出自于设计师非常独特的造型手法，但从构造的角度来说，不得不说这两把椅子属于相似的构造类型。

克霍姆的标识性家具结构可以概括为是一种"几何骨架"的形式。他痴迷于设计的易读性，例如他在作品中用到的螺丝，这种极具工业感的螺丝，可以看成是家具中独立的装饰部件。同时螺栓部件是一个坚固且有助于实现精准连接的配件。

因此，在他的家具中，钢材在精湛的家具工艺条件下被非常精确地加工，装饰性的工业连接件吸引人们关注连接的细节，以及这种连接所起到的两部分家具结构之间的承接转换：水平方向的横梁和垂直方向的柱子。这种具有秩序性的连接件，在整件家具中成为非常重要的凝聚力量的中心。这种重要的金属连接件需要极大的力量进行安装，连接件与家具部件之间有很薄的胶垫用以缓冲。所有的部件都采用了清晰的断面切割处理，没有任何部件采用焊接的方式与其他部件连接。

图 7-9　PK22 号椅④

图 7-10　PK22 号椅⑤

克霍姆一度痴迷于国际现代主义设计风格，对他的家具设计有重要影响和启发的设计师之一是密斯·凡·德·罗。克霍姆所设计的 PK22 号椅从椅子的材质、创造的座面空间形式、对古典形式的借鉴态度几个方面来看，显然都受到了密斯·凡·德·罗设计的巴塞罗那椅的影响。PK22 号椅和巴塞罗那椅都是没有扶手的休闲椅，椅子侧面的结构都是清晰的 X 形造型。

巴塞罗那椅的侧面正投影是一个焊接的 X 形。这使得这件椅子呈现了一种坚固的、铸造的、一体的、类似徽章式的构造，而椅子的座面、腿部、靠背并没有明确地在这个结构中表达出来。巴塞罗那椅构成了一种顺滑的水平支撑和垂直支撑之间的转换体系。这种构造的形式在本书中被划分到形状连接的范畴。

PK22 号椅的结构处理方式某种程度上来说是相反的，所有的结构部件都非常清晰地连接于一个点上，所有的重力和压力汇集于这个点，也就是说，通过黑色螺丝将椅子的支撑性腿部与上部座椅进行了连接，而椅子的腿部也处于整件家具的最靠外侧的位置。克霍姆非常注重他所设计的这类装配式家具的结构表达。在 PK22 号椅中，他完美展示了家具的构造是怎样通过结构来表达的，同时也清晰地揭示了横向水平支撑和竖向垂直支撑之间的区别。他极力追求材质外形的精确表达让他所设计的家具有特殊的识别性。

巴塞罗那椅的框架采用了高度抛光的不锈钢材质，这种高反光的材质重塑了空间中光线的折射，反光也让材质的形状在空间中溶解了，巴塞罗那椅 X 形腿的边缘在空间中并不明确（图 7-11）。克霍姆则采用了哑光的成品钢，这使得材质的造型和边缘更加明确，同时也让人更关注其中的细节，即完成部件连接的细节元素。这些对于材质以及细节的苛刻要求决定了设计者的意图是否完全表达，因此在制造过程中即使微小的改动也会影响一件家具设计作品微妙的感受。这种微小的改动会让家具的表达模糊不清，就如同一个人的面部表情模糊不清一样。例如最近出厂的不锈钢椅腿部的曲率变大，这使得不锈钢的部件在这件椅子上显得比最初所设计的要更加软弱和无力。这种改变影响了光线下金属部件的光影效果，并最终影响了不锈钢在弯曲造型上的表现力。

图 7-11　巴塞罗那椅③

克霍姆的 PK0 号椅（图 7-12、图 7-13）充分表明了家具的连接细节对于一件家具的核心设计思想表达来说有多么重要。座面下方的橡胶垫不仅是两个结构部件之间的缓冲，同时也是理解整件椅子设计的核心。PK0 号椅由两个热压弯曲的多层板构建组合而成，座面向后延伸成了椅子的两个后腿，而靠背则向前延伸成了椅子的前腿。两片多层弯曲的部件就通过橡胶垫连接在了一起并且解决了两个椅子部件之间的缓冲。

　　PK0 号椅的座面、靠背、腿部之间的转换衔接非常流畅，椅子的两个结构部件之间所保留的空间和缝隙让观者能够清晰理解这把椅子的结构。更重要的是，橡胶垫所起到的震动缓冲作用为椅子提供了一种弹性、柔软的坐感。由于缓冲的作用，坐在这把椅子上，身体不管是晃动还是向后靠都有一种轻盈的体感。

　　对比伊姆斯夫妇设计的 LCW 椅（图 7-14、图 7-15）的造型和结构，可以合理推测克霍姆的 PK0 号椅的灵感是来自于伊姆斯夫妇的设计，伊姆斯夫妇也是现代家具设计中第一个尝试应用工业化部件的设计师。克霍姆从伊姆斯夫妇的设计中获得灵感并成功地将椅子的部件减少，相比 LCW 椅，PK0 号椅显然更加简洁。

　　伊姆斯夫妇对于如何将工业化的部件进行连接更感兴趣，因此他们所关注的设计问题是另一个角度，即家具设计的工业化。

　　在 LCW 椅中，椅子的每一个部件都是预先设计，模压成型，每一个部件都可以大批量生产并且层叠储存，只要有订单就可以随时将这些部件进行组装并发货。或者，他们也可以选择将部件打包发给客户自行组装。这些都说明 LCW 椅的部件和结构在设计和制造中更多的是考虑工业化生产的要求和可能性。当然，克霍姆的 PK0 号椅同样也需要考虑工业化生产的要求。但可以看出，在设计的出发点上，伊姆斯夫妇是解决制造和运输的问题，而克霍姆更大程度上是出自对美学的追求。

　　当我们再次将克霍姆设计的 EKC8 号椅、PK9 号椅与雅各布森设计的蚂蚁椅进行对比，则更能清晰体会克霍姆对椅子的构造不同的诠释。由于采用了相似的结构，EKC8 号椅、PK9 号椅与蚂蚁椅的外形极为相似，只有仔细端详两把椅子座面底部的构造时，才能观察到两位设计师对构造的不同

图 7-12　PK0 号椅①；保罗·克霍姆，1952 年

图 7-13　PK0 号椅②

图 7-14　LCW 椅①；伊姆斯夫妇，1945 年

图 7-15　LCW 椅②

诠释（图 7-16~ 图 7-18）。

克霍姆一直专注于打造更精致和独特的连接件，这也是他在家具设计中一直追求的。PK9 号椅的下半部支撑结构与椅子座面仅仅靠 3 个支撑点连接，这让结构的水平和垂直受力之间形成了一个虚拟空间：一种清晰的椅子上下部结合的技术美感。

蚂蚁椅的底部结构是一种相反的处理方式，技术上更加复杂难懂，并不似克霍姆的处理方式那样简洁。在蚂蚁椅的座面底部连接中，蚂蚁椅的 3 条腿在底部中心汇合，但这 3 条腿交叉焊接的部分被一个金属片盖住并隐藏（图7-19）。重点是，在椅子腿部与座面连接的部分，一块圆形的多层板与椅子底部粘在一起，而盖住交叉焊接部分的圆形铁片则非常稳定地用螺丝与上部的圆形多层板相连接。此外，每条腿与座面之间还安装了一个距离连接件，用以保证椅子座面在坐下来的时候不会来回摇晃以至于裂开。蚂蚁椅新近推出的有织物覆盖的版本（最早的蚂蚁椅没有织物），底部中心的连接方式演变为了由一个模压塑料片盖住并隐藏中心的焊接部分。

可以理解在当时的情景下，雅各布森作为第一个解决这一类结构问题（多层板结构）的先驱，更关心的是如何解决多层板椅的结构，而这一时期最核心的突破是如何实现座面和靠背的一体化。为了面对这一挑战，并解决这个问题，连接件必须通过一定的凹凸形状，达到用最小尺寸的连接件提供必要的强度的目的。相对于椅子的构造，雅各布森更感兴趣于造型的设计。

当我们从构造的视角重新审视蚂蚁椅和 PK9 号椅时，这两把椅子在构造处理上的水准可以说是相差悬殊，尽管，它们在外形上看来极为相似。

图 7-16 EKC8 号椅①；保罗·克霍姆，1978 年

图 7-17 PK9 号椅；保罗·克霍姆，1960 年

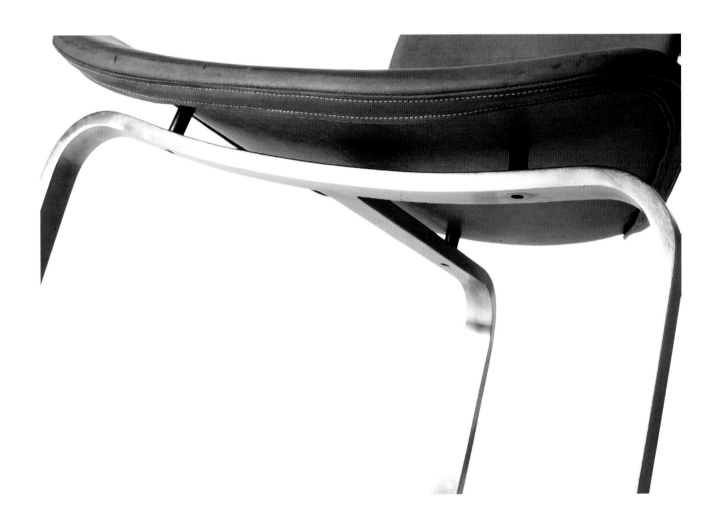

图 7-18　EKC8 号椅②

图 7-19　蚂蚁椅③

红蓝椅

八、构造的演变

　　如前文所描述，以及对克霍姆的 EKC8 号椅、PK9 号椅和雅各布森的蚂蚁椅的比较，足以表明有些家具的构造是令人钦佩和信服的，而有些家具在构造方面的表现则不那么突出。

　　从"构造的演变：从结构——形式"可以看出，一端是维尔德直线条简约的红蓝椅（1918 年），另一端是安德生的母亲生前肖像椅（1964 年）。这两件作品在家具的定义和构造上来说是两个极端。

　　红蓝椅的构造清晰反映了家具的横向和竖向的梁柱系统，克制、约束地将部件以一种规范式的方式组合在一起。相反，在安德生设计的椅子中，这些元素和规范都变得模糊了，二者的反差显而易见。

　　在构造的演变示意图中出现的所有椅子，在它们出现时都以一种极具革新和挑战的姿态，创造了当时一种新的家具类型，开启了一个又一个家具的新时代。这个示意图表明了一端（如红蓝椅）椅子的结构和构造是清晰易懂的，椅子的水平和垂直支撑体系区分得非常清楚；另一端（如安德生的椅子）椅子的构造是一种流动的转承关系，包括前文讲到的一体成型椅以及一些结构不那么清晰易懂的椅子。在这张示意图中，每件不同的椅子都代表了一种构造的类型，从左至右可以看成由强调结构向强调形态的演变过程。

构造的演变：从结构——形式

红蓝椅；里特·维尔德，1918 年

FDB J39；布吉·莫根森，1947 年

肯尼迪椅；汉斯·瓦格纳，1949 年

65 号模型；阿尔瓦·阿尔托，1933 年

LCW 椅；伊姆斯夫妇，1945 年

蚂蚁椅；阿尼·雅各布森，1951 年

PK22 号椅；保罗·克霍姆，1955 年

PK9 号椅；保罗·克霍姆，1960 年

瓦西里椅；马歇·布劳耶，1926 年

钢丝椅；伊姆斯夫妇，1953 年

巴塞罗那椅；密斯·凡·德·罗，1929 年

扶手椅；菲利普·斯达克，1981 年

万能椅；约·科伦博，1965 年

塑料椅；丹·斯瓦特，1969 年

潘顿椅；维纳·潘顿，1960 年

RAR 椅；伊姆斯夫妇，1950 年

郁金香椅；埃罗·沙里宁，1955 年

我母亲切斯菲尔德沙发的写照；埃德加德·安德生，1964 年

九、总结

20 世纪的家具设计师，其设计艺术风格受到现代主义的影响，家具的创作活动围绕着寻找一种纯粹、明确的形式展开，以开创一种新的、不受过往装饰元素影响的设计风格。一部分设计师越来越注重以细节作为装饰，或者应该说，他们找到了更为本质的装饰表达方式——以细节来展示装饰的存在，这时，成功的构造连接方式就可以在家具整体体验上发挥作用。

希望本书阐述的内容能让家具设计师提高对家具的理解，或者作为欣赏家具的人更能乐在其中。也希望本书所提出的类型学的分析方法，能帮助各位成为更好的设计师。

20 世纪之前的那种肤浅、装饰性的建筑风格已被取代，这种趋势延伸到了家具设计中，表现为一种更加强烈的表达结构，以及静态的水平及垂直支撑的风格。正是在这样的趋势下，新的装饰和结构理念渐渐形成了本书所讨论的构造的概念。在本书中可以看到建筑师和设计师是如何对椅子的连接件和部件进行探索的，我们将这些不同的连接件和部件根据材质、工艺和结构进行了分类。

本书提出的"构造"的概念与"结构"有什么不同呢？在前文"构造"章节中已作出解释，可以理解为是对结构概念的澄清和升华，也可以理解为是一种系统设计的方式和方法。

可以说理想的家具构造，可以带来美学层面的价值，构造概念本身就是一种以美学为导向来解决椅子设计问题的方法。

很难说是否存在一种典型的国家或区域的构造方法，但可以很肯定地说丹麦人对于构造有着某种崇敬，这与丹麦人对传统手工艺文化的珍爱和保护有一定的关系。

丹麦杰出建筑师凯·菲斯克（Kay Fisker）曾在1951—1957年间任丹麦皇家艺术学院教授，他谈到丹麦设计的基本传统，特指丹麦设计尊重历史，继承了家具文化精髓中结构和工艺的做法和技法，并将这些做法和技法与现代设计高度融合。在芬兰，家具手工艺的传统也以类似方式继续发展，在阿尔瓦·阿尔托做的胶合板椅腿相关实验中，这些经验知识也有所体现。事实上，这位受人尊敬的建筑师也成功地将实验得来的，符合人体工程学的有机造型原则运用到他所设计的住宅和建筑中。在瑞典，布鲁诺·马西森（Bruno Mathsson）吸收并改造了阿尔瓦·阿尔托质朴的形式，创造出苗条更精细的家具造型，但他的改造没有运用模压胶合技术。

历史的长河中不乏这样的例子，一件事物同时在不同的地方诞生。"二战"后新技术的发展也是如此，例如运用模压技术加工木材成为家具设计师乐此不疲的尝试。丹麦和其他国家的设计师高度关注对材料的运用和掌握，在这个过程中涌现了许多对新的结构解决方式和连接方式的思考。例如上文中所比较的PK0号椅和LCW椅，我们能看出基于不同关注点而设计的椅子。

在本书中我们尝试去论证丹麦是否已经形成一套属于自己的、独立的家具构造设计方法。可以确信的是所有本书的案例证明，不同的构造尝试超越了民族和国家的界限。丹麦设计与多个文化交融、相互启发共同组成了现代家具设计文化。现代家具设计中工业化生产因素的影响和现代艺术的影响也至关重要，这些将不断推进新的家具设计发展。

附　录

丹麦椅

格陵兰岛捕鲸者椅

克里斯莫斯椅
尼古拉·阿比尔加德，约 1790 年

克里斯莫斯型椅
古斯塔夫·弗雷德里克·黑奇，约 1840 年

法伯格椅
凯尔·克林特，1914 年

教堂椅
凯尔·克林特，1930 年

螺旋椅
凯尔·克林特，1930 年

FDB J39
布吉·莫根森，1947 年

FDB J4
布吉·莫根森，1944 年

中国椅
汉斯·瓦格纳，1945 年

孔雀椅
汉斯·瓦格纳，1947 年

肯尼迪椅
汉斯·瓦格纳，1949 年

贝壳椅
布吉·莫根森，1949 年

酋长椅
芬·尤尔，1949 年

狩猎椅
布吉·莫根森，1950 年

Y 形椅
汉斯·瓦格纳，1950 年

PK25 号椅
保罗·克霍姆，1951 年

蚂蚁椅
阿尼·雅各布森，1951 年

PK0 号椅
保罗·克霍姆，1952 年

牛角椅
汉斯·瓦格纳，1952 年

单身汉椅
维纳·潘顿，1963 年

PK22 号椅
保罗·克霍姆，1955 年

PK1 号椅
保罗·克霍姆，1956 年

埃及折叠椅
奥雷·温彻尔，1957 年

PK11 号椅
保罗·克霍姆，1957 年

PK33 号椅
保罗·克霍姆，1958 年

蛋形椅
阿尼·雅各布森，1958 年

西班牙椅
布吉·莫根森，1959 年

潘顿椅
维纳·潘顿，1960 年

PK9 号椅
保罗·克霍姆，1960 年

PK41 号椅
保罗·克霍姆，1961 年

三腿贝壳椅
汉斯·瓦格纳，1963 年

模压胶合板椅
格雷特·加尔特，1963 年

我母亲切斯尔德沙发的写照
埃德加德·安德生，1964 年

PK20 号椅
保罗·克霍姆，1967 年

塑料椅
丹·斯瓦特，1969 年

PK27 号椅
保罗·克霍姆，1971 年

折叠椅
尤根·加默尔高，1971 年

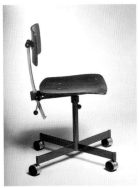

凯文办公椅
尤根·拉斯马森（Jørgen Rasmussen），1973 年

路易斯安那音乐厅椅
保罗·克霍姆，1975 年

X 线椅
尼尔斯·尤根·哈根森，1977 年

EKC8 号椅
保罗·克霍姆，1978 年

PK15 号椅
保罗·克霍姆，1979 年

PK13 号椅
保罗·克霍姆，1979 年

8000 系列
鲁迪·泰根森和约翰尼·索伦森，1980 年

PP58 椅
汉斯·瓦格纳，1987 年

130 号模型椅
汉斯·瓦格纳

NXT 椅
彼得·卡普甫，1991 年

米卡多椅
约翰内斯·福塞姆 &
彼得·西奥·洛伦曾，
1996 年

王子椅
路易斯·坎贝尔，2001 年

冰椅
卡斯伯·萨尔托，2002 年

百合椅
克里斯汀·弗林特，2003 年

蜘蛛女侠椅
路易斯·坎贝尔，2004 年

印记
约翰内斯·福塞姆 & 彼得·西
奥·洛伦曾，2005 年

无名椅
Komplot Design，2007 年

外来椅

埃及椅
丹·斯瓦特

托耐特 14 号椅
迈克尔·托耐特，1859 年

红蓝椅
里特·维尔德，1918 年

儿童高脚椅
里特·维尔德，1920 年

柏林椅
里特·维尔德，1923 年

拉滕斯图尔座椅
（Lattenstuhl model TI 1A）
马歇·布劳耶，1924 年

瓦西里椅
马歇·布劳耶，1925—1926 年

悬臂椅
密斯·凡·德·罗，1927 年

扶手椅
简·普鲁士，1927 年

图根哈特椅
密斯·凡·德·罗，1928 年

图根哈特扶手椅
密斯·凡·德·罗，1928 年

LC7 号椅
勒·柯布西耶，1928 年

LC2 号椅
勒·柯布西耶，1928 年

LC1 号椅
勒·柯布西耶

比格尔休闲椅（Beugel Stoel）
里特·维尔德，1927 年

布鲁诺椅
密斯·凡·德·罗，1929 年

巴塞罗那椅
密斯·凡·德·罗，1929 年

躺椅
勒·柯布西耶，1929 年

帕米奥椅
阿尔瓦·阿尔托，1930 年

三脚圆凳
阿尔瓦·阿尔托，1933 年

65 号模型
阿尔瓦·阿尔托，1933 年

"Z" 形椅
里特·维尔德，1934 年

LCW 椅
伊姆斯夫妇，1945 年

圆凳
阿尔瓦·阿尔托，1946 年

PKR 椅预生产型
伊姆斯夫妇，1948 年

RAR 椅
伊姆斯夫妇，1950 年

DAX 椅
伊姆斯夫妇，1950 年

钢丝椅
伊姆斯夫妇，1951 年

LAR 椅
伊姆斯夫妇，1951 年

LCM 椅
伊姆斯夫妇，1952 年

玻璃纤维椅
伊姆斯夫妇，1953 年

安东尼椅
简·普鲁士，1954 年

超轻椅
吉奥·庞蒂，1955 年

郁金香椅
埃罗·沙里宁，1955 年

彻那椅
诺曼·彻那，1958 年

宴会椅
伊姆斯夫妇，1962 年

万能椅
乔·科伦博，1965 年

唐娜沙发
盖特诺·佩斯，1969 年

蝴蝶椅
乔治·法拉利·哈多依，1970 年

理查德三世扶手椅
菲利普·斯塔克

木质胶合板椅
贾斯珀·莫里森，1988 年

WW 椅
菲利普·斯塔克，1990 年

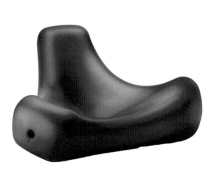

躺椅
马克·纽森，1997 年

空气椅
贾斯珀·莫里森，1999 年

超大水泡沙发之二
凯瑞姆·瑞席，2002 年

西西里椅
阿尔弗雷多·哈伯利，2003 年

馄饨椅
格雷克·林，2005 年

覆盖椅
罗恩·阿诺德，2007 年

木塞椅
贾斯珀·莫里森，2007 年

蔬菜椅
博洛雷克兄弟，2009 年

术 语

望板

桌椅的结构连接件，用以连接、支撑和固定桌椅的腿部，同时也作为座面和台面的支撑部件。

扶手

水平固定座椅靠背，扶手两侧向后延伸并形成靠背。

斜接面

指的是一个面与另一个面垂直相接时角度不是直角，而是有一定的倾斜，倾斜的范围由角度来表示。

斜边

刨掉边缘，使其成为一个独立的表面。

弧形靠背

一种特定的靠背结构形式，靠背两侧与座面固定，靠背顶部呈弧线形状。

悬臂椅

一种不需要椅子后腿作为支撑的椅子形式，一般由弯曲的钢管结构支撑。第一把钢管椅由马特·斯坦于 1926 年设计，悬臂椅的形式也可由木材实现，例如由阿尔瓦·阿尔托设计的多层胶合板材质的悬臂椅。

压缩木

通过将木材锯成合适大小，再软化木块，随后利用干燥设备对潮湿木块进行加热干燥。在木材保有一定温度时将其置入压力机中，在纵向上进行轻微的压缩。当木材再次干燥时，它会保持压缩后的形状。

FDB 设计工作坊

也称丹麦合作消费协会工作坊，于 1942 年创立于一个绘图工作室，布吉·莫根森任领头人。

泡沫聚合物

一种合成的复合材料，通过使之成为泡沫状变幻出各种柔和轮廓和形状。

槽口

沿着一块木头的边缘做成的矩形缺口。

克里斯莫斯

古希腊的一种扶手椅，以外翘椅腿和弯曲外凸的背板为特征。

可拆卸结构

可购买后自行组装的家具部件，在运输和存储时可轻松拆卸，提供便利。

地中海风格

以源于地中海周边国家的椅子为代表，它是采用当地材料制成，通过在椅腿上钻孔来固定轴，不用胶连接而是依靠座面的藤编工艺实现结构连接。无胶连接的伏点之一是能通过调节椅子，迎合不均匀放置面，如放置在不平整的地面上时。

模压胶合板

多层板材或实木胶合而成，带有一定曲度。

纸纱编织制品

从纸浆中回收的纱。主要用于座面编织，纸纱的细长纤维能增加座面的极限强度。

胶合板

细木板胶合而成，板材层数为单数。相邻板材的纤维方向交叉。

压力接头

这个连接件只有测量压力的功能。因此，它的体量不需要很大，在不同类型的扭曲发生时，它需要测出拉力和压力。

萨拉·柯蒂斯椅

古罗马时期使用的折叠椅。它一开始是一种带直腿或弯腿的折叠椅，在罗马时期，它还成为官员，尤其是法官的身份象征。

夏克椅

由北美新教教派设计和开发的一类家具。该教派最初于 1747 年在英国成立。

横枨

一块用于支撑开放的轻量家具结构的木料。它主要作承重之用，常用于轻量型椅子的椅腿制作，以支撑结构。

轴

圆柱状的条棒，用于固定和支撑椅子结构。

蒸汽弯曲法

弯曲木材的古法，19 世纪中期，由托耐特兄弟复兴并继续发展。弯曲前，先将木材置于多种长度木材都适用的容器中加热。

椅腿

即相对置于后面的椅腿，从地面一直延伸到座面上，并承接顶部。

搭脑

水平放置在椅子的轴上，在家具的顶部为椅子的靠背提供支撑的构件。

温莎椅

在 17 世纪末期闻名的，具有多种版本的一类椅子，这类椅子的构造原理是，一个坚固的鞍状实木座椅由一个支撑结构所承载，其由腿和板条组成，轻量的上部结构由板条制成，这些板条通常连接到一个持续环绕的扶手上。

注释及参考文献

注释

1 Blaser W. Joint and Connection[M]. Basel: Birkhauser Verlag, 1992.

2 Frampton K. Studies in Tectonic Culture: The Poetics of Construction in the Nineteenth and Twentieth Century Architecture[M]. Cambridge, Mass: MIT Press, 1995.

3 Beim A. Tektoniske visioner i arkitektur[M]. Copenhagen: Kunstakademiets Arkitektskoles Forlag, 2004.

4 Hetsch GF. Bemærkninger angaaende Kunst, Industri og Haandværk[M]. Copenhagen, 1863.

5 Schue F. Mies van der Rohe, a Critical Biography[M]. Chicago: The University of Chicago Press, 1985.

6 Mollerup P. Offspring: Danske stole med udenlandske aner[J]. Mobilia, 1983.

7 Karlsen A. Dansk Møbelkunst i det 20. arhundrede[M]. Copenhagen: Christian Ejlers' Forlag, 1990.

8 Møller SE. På Wegners tid, Festskrift til Hans J. Wegner 2. april 1989[M]. Herning: Poul Kristensen, 1989.

参考文献

[1] Albrecht D. The Work of Charles and Ray Eames. A Legacy of Invention[M]. New York: Harry N. Abrams, in association with the

Library of Congress and the Vitra Design Museum; Grantham Book Services, 2005.

[2] Andersen R. Kaare Klint Møbler[M]. Copenhagen: Kunstakademiet, 1979.

[3] Beim A. Tektoniske visioner i arkitektur[M]. Copenhagen: Kunstakademiets Arkitektskoles Forlag, 2004. [English version: Tectonic Visions in Architecture].

[4] Bernsen J. Hans J. Wegner om design[M]. Copenhagen: Dansk Design Center, 1994.

[5] Blaser W. Joint and Connection[M]. Basel: Birkhäuser Verlag, 1992.

[6] Busk LB. Mesterværker 100 års dansk møbelsnedkeri[M]. Copenhagen: Nyt Nordisk Forlag, Arnold Busck, 2000.

[7] Ching Francis DK. Architecture, Form, Space, and Order[M]. Hoboken, New Jersey: John Willey & Sons, 2007.

[8] Christiansen K. Arkitekturkonstruktioner: Reflktioner mellem æstetik og teknik[M]. Aarhus: Arkitektskolen Aarhus, 1994.

[9] Christiansen K. Dodekathlos: Om arkitekturens tektonik[M]. Aalborg: Aalborg Universitetsforlag, 2004.

[10] Christiansen P. Håndværket viser vejen. Snedkerlaugets møbeludstillinger 1927—1966[M]. Copenhagen: Strubes Forlag, 1966.

[11] Cranz G. The Chair. Rethinking Culture, Body, and Design[M]. New York: W.W. Norton, 1998.

[12] Demetrios E. An Eames Primer[M]. London: Thames and Hudson, 2001.

[13] Dickson T. Dansk Design[M]. Copenhagen: Gyldendal, 2006.

[14] Dybdahl L. Dansk Design 1945—1975[M]. Copenhagen: Bor-

gens Forlag, 2006.

[15]　Engholm I Verner Panton[M]. Copenhagen: Aschehoug, 2005.

[16]　Frampton K. Studies in Tectonic Culture: The Poetics of Construction in the Nineteenth and Twentieth Century Architecture[M]. Cambridge, Mass: MIT Press, 1995.

[17]　Gelfer-Jørgensen M. Guldalderdrømmen[M]. Copenhagen: Rhodos, 2002.

[18]　Gelfer-Jørgensen Miriam. Herculanum paa Sjælland: Klassisisme og nyantik i dansk møbeltradition[M]. Copenhagen: Forlaget Rhodos and the Authors, 1988.

[19]　Gudiksen M. Struktur og egenskaber ved møbelmaterialer[M]. Copenhagen: Fr. Bagges Hofbogtrykkeri, 1977.

[20]　Hansen P H. Da danske møbler blev moderne: Historien om dansk møbeldesigns storhedstid[M]. Copenhagen/Odense: Aschehoug/Syddansk Universitetsforlag, 2006.

[21]　Hara K. Designing Design[M]. Baden, Switzerland: Lars Müller Publishers, 2008.

[22]　Harlang C. Nordic Spaces[M]. Barcelona: Elisava Edicions, 2001.

[23]　Harlang C, Erik K, Nils F, et al. Poul Kjærholm[M]. Copenhagen: Arkitektens Forlag, 1999.

[24]　Hetsch GF. Bemærkninger angaaende Kunst, Industri og Haandværk[M]. Copenhagen: Gyldendal, 1863.

[25]　Karlsen A. Dansk Møbelkunst i det 20. århundrede[M]. Copenhagen: Christian Ejlers' Forlag, 1990.

[26]　Krogh E. Stolen i rummet-rummet i stolen[M]. Albertslund: Notex-Tryk & Design A/S, 1984.

[27]　Møller SE. På Wegners tid, Festskrift til Hans J. Wegner 2. april

1989[M]. Herning: Poul Kristensen, 1989.

[28] Ngo, D, Eric P. Bent Ply[M]. New York: Princeton Architectural Press, 2003.

[29] Nielsen J, Eskild P. Møbelkonstruktioner Tændstikstatik Kræfter og Vektorer[M].Copenhagen, 1990.

[30] Olsen L H Børge Mogensen[M].Copenhagen: Aschehoug, 2006.

[31] Schmidt P.Den nye generation: Dansk møbeldesign 1990—2005[M]. Copenhagen : Nyt Nordisk Forlag, Arnold Busck, 2005.

[32] Sembach Kj, Gabriele Lr, Peter G. Møbeldesign i det 20.århundrede[M]. Cologne: Taschen, 1989.

[33] Sembach, KJ, Gabriele L, Peter G. Møbeldesign i det 20 århundrede[M]. Taschen, Germany: Druckerei Ernst Uhl, Radolfzen, 1989.

[34] Sheridan M. Poul Kjærholm møbelarkitekt[M]. Esbjerg: Tryg Rosendahis Bogtrykkeri, 2006.

[35] Svarth D. Egyptisk møbelkunst på Faraotiden/Egyptian Furniture-making in the Age of the Pharaohs[M].Skårup Ebeltoft: Skippershoved, 1998.

[36] Thau C, Kjeld V. Arne Jacobsen[M]. Copenhagen: Aschehoug, 2006.

[37] Tøjner P E. Poul Kjærholm[M]. Copenhagen: Aschehoug, 2003.

[38] Vegesack A V, Matthias K. Mies van der Rohe: Architecture and Design in Stuttgart, Barcelona, Brno[M]. Paris: Skira, 1998.

[39] Wanscher O. Møbelkunsten[M]. Copenhagen: Thanning og Appels Forlag, 1955.

[40] Wanscher O. Møblets æstetik. Formernes forvandling[M]. Copenhagen: Arkitektens Forlag, 1985.

[41] Wanscher O. Sella Curulis. The Folding Stool-an Ancient Symbol of Dignity[M]. Copenhagen: Rosenkilde and Bagger, 1980.

[42] Wivel H. Finn Juhl[M]. Copenhagen: Aschehoug, 2004.

[43] Frascari M. The Tell-The-Tale Detail[J]. VIA, 1984, 7.

[44] Holl S, Juhani P, Alberto PG. Questions of Perception: Phenomenology of Architecture[J]. A+U, Special issue, 1994, 7.

[45] Klint K. Undervisning i møbeltegning ved Kunst-akademiet[J]. Arkitekten, Maanedshæfte, 1930, 193-224.

[46] Mollerup P. Offspring: Danske stole med udenlandske aner[J]. Mobillia, 1983, 315/316.

[47] Petersen C. "Stoflige vikninger, " "Modsætninger" and "Farver" [J]. Architekten, edition of May 16, 1919.